身边的发明史小剧场

搞错了，衣服不是你想的那样

|潘美慧|著　　|朱家钰|绘

海峡出版发行集团
THE STRAITS PUBLISHING & DISTRIBUTING GROUP
福建科学技术出版社
FUJIAN SCIENCE & TECHNOLOGY PUBLISHING HOUSE

图书在版编目（CIP）数据

搞错了，衣服不是你想的那样 / 潘美慧著；朱家钰绘. -- 福州：福建科学技术出版社, 2025.5（2025.7重印）
（身边的发明史小剧场）
ISBN 978-7-5335-7305-8

Ⅰ. ①搞… Ⅱ. ①潘… ②朱… Ⅲ. ①服饰－历史－世界－少儿读物 Ⅳ. ①TS941-091

中国国家版本馆CIP数据核字(2024)第103838号

出 版 人　郭　武
责任编辑　李国渊　吴洁琼
责任美编　余景雯
责任校对　林峰光

搞错了，衣服不是你想的那样
身边的发明史小剧场

著　　者　潘美慧
绘　　者　朱家钰
出版发行　福建科学技术出版社
社　　址　福州市东水路76号（邮编350001）
网　　址　www.fjstp.com
经　　销　福建新华发行（集团）有限责任公司
印　　刷　福建省金盾彩色印刷有限公司
开　　本　720毫米×1020毫米　1/16
印　　张　7.5
字　　数　80千字
版　　次　2025年5月第1版
印　　次　2025年7月第2次印刷
书　　号　ISBN 978-7-5335-7305-8
定　　价　26.00元

书中如有印装质量问题，可直接向本社调换。

作者序

gǔ rén de qiǎo sī yǔ fā míng zào jiù xiàn dài rén de xìng fú
古人的巧思与发明，造就现代人的幸福！

dǎ kāi yī guì měi gè rén dōu yǒu hěn duō jiàn yī fu yǒu xiē shì shàng xué shí chuān de xiào fú yǒu xiē shì chū qù wán shí chuān de piào liang yī fu hái yǒu yì xiē shì cān jiā tè bié huó dòng shí chuān de xiǎo lǐ fú nǐ zhī dào zhè xiē yī fu shì cóng nǎ lǐ lái de ma tā men suī rán shì bà mā mǎi huí lái de dàn shì nǐ yǒu xiǎng guo zhì zuò yī fu de yuán liào shì cóng nǎ lǐ lái de ma yòu shì shéi bǎ zhè xiē yuán liào zhì zuò chéng bù de ne zuì hòu

打开衣柜，每个人都有很多件衣服，有些是上学时穿的校服，有些是出去玩时穿的漂亮衣服，还有一些是参加特别活动时穿的小礼服……你知道这些衣服是从哪里来的吗？它们虽然是爸妈买回来的，但是你有想过制作衣服的原料是从哪里来的吗？又是谁把这些原料制作成布的呢？最后

shì shéi bǎ bù féng zhì chéng yī fu xiǎng dào zhè xiē wèn tí nǐ de dà nǎo
是谁把布缝制成衣服？想到这些问题，你的大脑
zhōng yīng gāi yǒu hěn duō yí wèn ba zǐ xì zhuī chá nǐ huì fā xiàn měi jiàn
中应该有很多疑问吧？仔细追查，你会发现每件
yī fu cóng wú dào yǒu shì yóu nóng fū mù yáng rén fǎng zhī gōng rén cái
衣服从无到有是由农夫、牧羊人、纺织工人、裁
feng děng xǔ xǔ duō duō rén yí bù yí bù jiē lì zuò chū lái de ér qiě měi
缝等许许多多人一步一步接力做出来的！而且每
yí jiàn yī fu cóng xuǎn qǔ yuán liào dào zhì zuò wán chéng xū yào huā fèi hěn cháng
一件衣服从选取原料到制作完成，需要花费很长
de shí jiān zuì hòu cái néng sòng dào shāng diàn gōng dà jiā xuǎn gòu
的时间，最后才能送到商店供大家选购。

rú guǒ bǎ nǐ sòng huí shǐ qián shí dài xiǎng yào yǒu yī fu chuān kě bú
如果把你送回史前时代，想要有衣服穿可不
shì yí jiàn róng yì de shìr nǐ děi zì jǐ xún zhǎo yuán liào bìng zhì zuò
是一件容易的事儿，你得自己寻找原料并制作。
dāng rán zuì fāng biàn de jiù shì yòng zhí wù de yè zi zhē dǎng shēn tǐ huò
当然，最方便的就是用植物的叶子遮挡身体，或
shì jiāng dòng wù de máo
是将动物的毛
pí pī zài shēn shang
皮披在身上，
zhè yàng bù jǐn néng zhē
这样不仅能遮
dǎng shēn tǐ hái néng
挡身体，还能
bǎo nuǎn wèi le ràng
保暖。为了让

“衣服”更“好穿”，史前人类开始学习使用工具缝制动物毛皮。后来，人们才慢慢发现，动物毛皮和植物纤维，甚至蚕丝，这些都可以作为衣服的原料。

看到这里，你是不是已经觉得制作衣服很累了呢？是的，古人想要有一件新衣服穿也不是一件容易的事儿！一年能做一两件新衣服，已经很了不起了。

在古代做衣服很不容易，我们会看到古装剧、历史剧中的古人都穿着一件件又大又长的衣

服。因为那时没有机器，缝制一件衣服用时较长，所以把整块布披在身上是最方便的，或者简单缝一缝，再利用缠绕、绑腰带、别别针的方式把衣服固定在身上。

现在我们可以穿上既便宜又好看的新衣服，都得归功于机器的发明，纺织机、裁缝机让工厂可快速做出各种漂亮的衣服。现在的人们想要穿新衣服，只要到服装店或在网络商城选购就可以了。

经过几千年、几万年，古人留下了许多和衣

fu xiāngguān de fā míng chuàng zào lì rú zāi zhòng yà má mián huā hé yǎng
服相关的发明创造，例如：栽种亚麻、棉花和养

mián yáng cán de fāng fǎ fǎng shā zhī bù hé féng yī fu de gōng jù
绵羊、蚕的方法，纺纱、织布和缝衣服的工具

děng gǔ rén de zhì huì bāng le wǒ men hěn dà de máng wǒ men xiǎng chuān
等。古人的智慧帮了我们很大的忙，我们想穿

xīn yī fu yǐ jīng bù xū yào yí gè rén zài cóng tóu zuò qǐ le xiàn
新衣服，已经不需要一个人再从头做起了。现

zài rén men gèng dǒng de fēn gōng hé zuò dà jiā kě yǐ fāng biàn de yōng
在，人们更懂得分工合作，大家可以方便地拥

yǒu gè shì gè yàng de xīn yī fu
有各式各样的新衣服。

pān měi huì
潘美慧

前情提要

蓝多老师将错就错的计谋

因为三年（1）班上次的成果嘉年华表演很受欢迎，所以同学们一开学，就很期待这学期的表演。他们纷纷跑去问蓝多老师：“我们这学期演什么呢？”

蓝多老师听了猛摇头，说：“我们没办法再演戏了，为了买上次表演的道具，我们已经把全部的班费、甄老师义卖香水的钱，还有校长批给我们的活动经费都花光了！”

若想了解蓝多老师是怎么把钱花光的，请看同系列《没想到！竟是为了洗澡》一书。

bú guò qí tā tóng xué gèng guān xīn
不过，其他同学更关心
de shì
的是……

lán duō lǎo shī hěn xǐ huan mǎi xīn
“蓝多老师很喜欢买新
yī fu ma
衣服吗？”

lán duō lǎo shī de xīn shuǐ shì duō
“蓝多老师的薪水是多
shǎo
少？”

xiào zhǎng yǒu pī huó dòng jīng fèi gěi
“校长有批活动经费给
wǒ men ma
我们吗？”

quán bān tóng xué chǎo gè bù tíng lán duō lǎo shī tīng de yǒu diǎnr
全班同学吵个不停，蓝多老师听得有点儿
tóu yūn tū rán tā líng jī yí dòng jì rán dà jiā dōu hái xiǎng
头晕。突然，他灵机一动：“既然大家都还想
yǎn xì zhè xué qī wǒ men jiù yǐ yī fu wéi zhǔ tí biǎo yǎn
演戏，这学期我们就以‘衣服’为主题表演。
bú guò zhè cì bù néng zài mǎi dào jù le nǐ men xiǎng xiang kàn wǒ
不过，这次不能再买道具了。你们想想看，我
men néng yòng shén me bàn fǎ bǎ xì yǎn hǎo zhēng qǔ gèng duō de hǎo píng
们能用什么办法把戏演好，争取更多的好评。”

zhè shí hou a juǎn yòu yǒu xīn diǎn zi le
这时候阿卷又有新点子了……

可是，娃娃屋这么小，怎么让人看见呢？
没错，设计娃娃衣服不用花什么钱。
我们就用艾丽的娃娃屋当舞台吧！

听起来好棒！我也想穿。
我还要设计『穿衣魔镜』，让大家展示各种服装。
我有办法了，可以利用拍摄和投影。

lán duō lǎo shī nèi xīn qiè xǐ shuō hā hā wǒ gāng gāng chóng
蓝多老师内心窃喜，说：“哈哈，我刚刚重
suàn le yí biàn yuán lái shàng cì mǎi dào jù zhǐ huā le bù fen bān fèi
算了一遍，原来上次买道具只花了部分班费。
méi xiǎng dào zhè ge cuò wù què jī fā le tóng xué men de chuàng yì hēi
没想到，这个错误却激发了同学们的创意。嘿
hēi xiàn zài zhǐ hǎo jiāng cuò jiù cuò jì xù jìn xíng xià qù le
嘿，现在只好将错就错，继续进行下去了。”

lán duō lǎo shī lì kè xuān bù hǎo jì rán dà jiā dōu yǒu xiǎng
蓝多老师立刻宣布：“好，既然大家都有想
fǎ le xiàn zài jiù kāi shǐ wèi zhè xué qī de chéng guǒ jiā nián huá biǎo yǎn zuò
法了，现在就开始为这学期的成果嘉年华表演做
zhǔn bèi ba tóng xué men huān hū kāi shǐ fēn tóu zhǔn bèi qù lo
准备吧！”同学们欢呼，开始分头准备去咯！

同学们，我帮你们请了一位服装设计指导，莫德儿老师。
模特儿老师？她摆这个姿势是什么意思？
莫老师摆这个姿势是想说，一切包在她身上！
太好了，他懂我！

第三幕

登场人物

阿卷

点子多又爱玩的男孩，对于蓝多老师的各种教学方式，总能“起哄”配合，让老师的点子实现。

艾丽

爱漂亮的女孩，总是想把自己变得更漂亮，她对学习也很认真。

目录

桐
表帅气，总是
头发梳得油光
亮，是个爱学
的“学霸”。
强朋
名副其实的“破坏王”，常常在各种活动中“捣乱”。
巧福
善良可爱的小男孩，常在表演中反串女孩，有“反串小王子”的称号。

蓝多老师

爱思小学三年（1）班的科学课老师，常带领班上学生尝试各种新奇活动，让学生在“玩中学，学中玩”。

华校长

爱思小学的校长，总是想一些花哨、华丽的妙点子，带领学校老师用有趣的方式教学。

科学秀

第四幕

校狗霹雳

名叫“霹雳”的校狗，同学们喜欢将它搞怪变身，让它参与各种活动。但是，总有同学发音不准，叫它“屁力”。

莫德儿老师

爱思小学特聘的美术老师，曾经当过模特和服装设计师，喜欢将想说的话、想表达的感情，用肢体语言展示。

尤桐，别说了！
赶紧准备展示吧！

第一幕 原始洞穴娃娃屋
史前人类服装秀
我是导览员，现在先为大家介绍史前人类穿的衣服！
洞穴娃娃屋做得好逼真。
是我做的道具！
校长，这次展览重点是兽皮衣和草裙哟！

shǐ qián rén lèi dōu chuān zhēn pí yī fu
史前人类都穿“真皮”衣服

dà yuē liǎng wàn nián qián shǐ qián rén lèi jiù huì jiāng cǎi jí lái de
大约两万年前，史前人类就会将采集来的

shù yè shù pí hé dǎ liè shōu jí ér lái de dòng wù máo pí zuò chéng
树叶、树皮和打猎收集而来的动物毛皮，做成

jiǎn dān de yī fu zhǔ yào yòng lái bǎo nuǎn hé bǎo hù zhòng yào de shēn tǐ
简单的衣服，主要用来保暖和保护重要的身体

部位。刚开始，史前人类只是把一些树叶、树皮或兽皮，披、挂或绑在身上，很久之后，他们才发明出缝制衣服的方法。

shǐ qián rén lèi de pí yī zhì zuò
史前人类的皮衣制作

shǐ qián rén lèi huì yòng shí
史前人类会用石

dāo bǎ cháng máo xiàng yě niú
刀，把长毛象、野牛、

hǔ bào lù hé xióng děng liè wù
虎、豹、鹿和熊等猎物

de máo pí bāo xià lái zài yòng shí
的毛皮剥下来，再用石

guā dāo bǎ máo pí shang de yóu zhī guā
刮刀把毛皮上的油脂刮

gān jìng rán hòu bǎ dòng wù máo pí
干净，然后把动物毛皮

yòng shí dāo qǔ xià dòng wù máo pí
1 用石刀取下动物毛皮。

yòng guā dāo bǎ máo pí shang de yóu zhī guā gān jìng
2 用刮刀把毛皮上的油脂刮干净。

yòng shuǐ pào ruǎn　zài yòng shí tou chuí
用水泡软，再用石头捶

dǎ　liàng gān hòu jiù kě yǐ pī zài
打，晾干后就可以披在

shēn shang dàng yī fu le
身上当衣服了。

tā men yě huì yòng shòu pí zhì
他们也会用兽皮制

zuò de pí dài　huò yòng cǎo biān chéng
作的皮带，或用草编成

de shéng zi　jiāng shòu pí bǎng zài shēn
的绳子，将兽皮绑在身

shang　láo dòng shí jiù bú huì sōng tuō
上，劳动时就不会松脱

le　wài chū shí　hái kě yǐ bǎ
了；外出时，还可以把

gōng jù bǎng zài yāo dài shang　fēi cháng
工具绑在腰带上，非常

fāng biàn
方便。

róu ruǎn de shòu pí cái néng pī zài shēn shang
4 柔软的兽皮才能披在身上。

yòng pào guo shù pí de shuǐ bǎ shòu pí pào ruǎn　zài yòng shí tou chuí dǎ
3 用泡过树皮的水把兽皮泡软，再用石头捶打。

féng zhì yī fu de gǔ zhēn dàn shēng
缝制衣服的骨针诞生

gǔ zhēn bèi fā míng zhī hòu cái fā zhǎn chū féng zhì fāng fǎ zhēn
骨针被发明之后才发展出缝制方法，真
zhèng yì yì shang de yī fu cóng nà shí cái kāi shǐ chū xiàn yí wàn duō nián
正意义上的衣服从那时才开始出现。一万多年
qián shǐ qián rén lèi zài chī shèng de dòng wù xiǎo gǔ tou shang zuàn dòng bìng
前，史前人类在吃剩的动物小骨头上钻洞并
bǎng shàng shéng zi zài lì yòng shí tou huò shòu gǔ zuò de zuàn kǒng qì zài
绑上绳子，再利用石头或兽骨做的钻孔器在

骨针和绳子都这么粗，那我得把孔钻大一点。
骨针做好了！
绳子也准备好了！

shòu pí shang dǎ kǒng jiē zhe jiāng gǔ zhēn chuān guò zuàn hǎo de kǒng bǎ
兽皮上打孔；接着，将骨针穿过钻好的孔，把
liǎng piàn shòu pí féng qǐ lái zhè yàng yuán shǐ de pí yī jiù wán chéng le
两片兽皮缝起来，这样原始的皮衣就完成了。

hòu lái gǔ zhēn yuè zuò yuè xì lì yòng zhí wù xiān wéi hé dòng
后来，骨针越做越细，利用植物纤维和动
wù máo fà zhì zuò de féng yī xiàn yě chū xiàn le rén lèi féng zhì yī fu
物毛发制作的缝衣线也出现了，人类缝制衣服
de jì shù yòu qǔ dé le hěn dà de jìn bù
的技术又取得了很大的进步。

都是我画的，很有原始风味吧！哈哈——
请大家帮洞穴娃娃试穿衣服吧！
这是谁画的纸娃娃，又丑又好笑！
我要玩。
这是我用电脑绘制的，当然精致啦！
这里有『精致版』原始人娃娃，谁要玩？
嘻

科学秀

shí qì shí dài de zhì yī gōng jù
石器时代的制衣工具

shí qì shí dài de shǐ qián rén lèi shǐ yòng de gōng jù dà duō shì
石器时代的史前人类使用的工具大多是
yòng shí tou mù tou hé dòng wù gǔ tou zhì zuò de zuò yī fu de gōng
用石头、木头和动物骨头制作的，做衣服的工
jù dāng rán yě bú lì wài lì rú báo ér ruì lì de shí piàn
具当然也不例外。例如，薄而锐利的“石片”
kě yòng lái qiē kāi shòu pí yě kě yǐ yòng lái guā diào dòng wù máo pí
可用来切开兽皮，也可以用来刮掉 动物毛皮
shang cán liú de yóu zhī hé máo fà ér shí zhuī huò jiān jiān de shòu gǔ kě
上残留的油脂和毛发，而石锥或尖尖的兽骨可
zài shòu pí shang zuàn kǒng gǔ zhēn kě yǐ féng zhì yī fu zhè ge shí
在兽皮上钻孔，骨针可以缝制衣服。这个时
qī rén lèi zhǔ yào shǐ yòng shí tou gōng jù yīn cǐ bèi hòu shì chēng wéi
期，人类主要使用石头工具，因此被后世称为
shí qì shí dài
“石器时代”。

石刮器

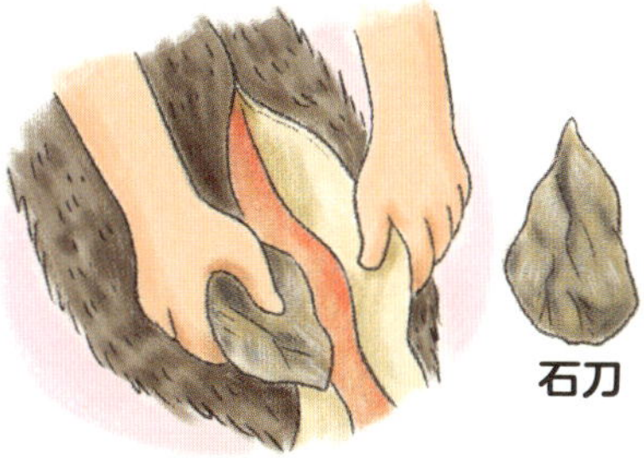
石刀

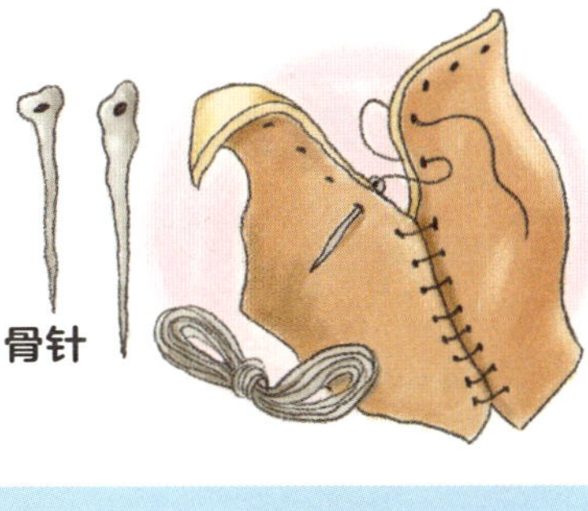
骨针

石锥

　　ài lì hé qí tā tóng xué zhōng yú bǎ máo róng róng de shòu pí yòng
　　艾丽和其他同学终于把毛茸茸的兽皮用
gǔ zhēn féng zhì chéng le yī fu　ài lì qī dài de wèn　shéi yào shì
骨针缝制成了衣服。艾丽期待地问：“谁要试
chuān ya　lán duō lǎo shī lì kè bǎ shòu pí yī ná guò lái　pī zài
穿呀？”蓝多老师立刻把兽皮衣拿过来，披在
xiào zhǎng shēn shang　bìng qiě chēng zàn dào　xiào zhǎng　nǐ chuān shàng zhè jiàn
校长身上，并且称赞道：“校长，你穿上这件
yī fu　hǎo xiàng fú xī a　yì páng wéi guān de tóng xué què xiào
衣服，好像伏羲啊！”一旁围观的同学却笑
zhe shuō　wǒ jué de bǐ jiào
着说：“我觉得比较
xiàng xióng ne　cǐ huà yì
像熊呢！”此话一
chū　suǒ yǒu rén dōu xiào de dōng
出，所有人都笑得东
dǎo xī wāi　zhǐ yǒu xiào zhǎng
倒西歪，只有校长
qì hū hū de zhàn zài yuán dì
气呼呼地站在原地。

这『兽皮』哪里来的？
伏羲画像
这『兽皮』可不是真的，都是用破旧绒毛玩具做的！
完蛋了，你把秘密都说出来了！

百褶裙从古埃及就开始流行了啊？
我做得很棒吧！
这个狮身人面像怎么感觉是狮身『狗』面像啊！
这狗看起来好眼熟，好像霹雳呢！

第二幕 古帝国娃娃屋

一块布的穿衣艺术

sū měi ěr rén de liú sū yí piàn qún
苏美尔人的流苏一片裙

cháng qī zài yě wài shòu liè hěn xīn kǔ suǒ yǐ rén lèi kāi
长期在野外狩猎很辛苦，所以人类开
shǐ sì yǎng dòng wù zhè yàng chú le kě yǐ yǒu jiào wěn dìng de shí wù
始饲养动物，这样除了可以有较稳定的食物
lái yuán hái kě yǐ jiāng shòu pí zhì zuò chéng yī fu gōng yuán qián
来源，还可以将兽皮制作成衣服。公元前
nián měi suǒ bù dá mǐ yà dì qū de sū měi ěr
2500 年，美索不达米亚地区的苏美尔
rén bǎ dài máo de yáng pí róu zhì biàn ruǎn rán hòu zài wéi
人把带毛的羊皮鞣制变软，然后再围

zài yāo shang huò pī zài jiān shang yí piàn qún de chuān fǎ biàn liú xíng qǐ lái
在腰上或披在肩上，一片裙的穿法便流行起来
le zhè shì yì zhǒng dài máo de zhēn pí qún shàng miàn de yáng máo hái huì
了！这是一种带毛的真皮裙，上面的羊毛还会
zì rán de juǎn chéng piào liang de liú sū
自然地卷成漂亮的“流苏”！

hòu lái sū měi ěr rén bǎ yáng máo qǔ xià lái zuò chéng yáng máo
后来，苏美尔人把羊毛取下来，做成羊毛
fǎng zhī pǐn zài bǎ yáng máo fǎng zhī pǐn chán zài shēn shang dàng yī fu ér
纺织品，再把羊毛纺织品缠在身上当衣服，而
qiě tā men hái tè dì jiāng máo xiàn biān zhī chéng liú sū zhuāng shì yī fu ne
且他们还特地将毛线编织成流苏，装饰衣服呢！

科学秀

yángmáofǎng zhī de zhì huì
羊毛纺织的智慧

xī yà kě néng shì zuì zǎo xùn yǎngyáng bìng zhú jiàn kāi shǐ zhì zuò
西亚可能是最早驯养羊，并逐渐开始制作
fǎng zhī pǐn de dì qū nà shí de rén men bǎ yángmáo jiǎn xià lái hòu
纺织品的地区。那时的人们把羊毛剪下来后，
huì xiān bǎ yáng máo qīng xǐ gān jìng yīn wèi yáng máo shang zhān yǒu hěn duō
会先把羊毛清洗干净，因为羊毛上沾有很多
yáng de dà biàn niào hàn shuǐ hé yóu zhī qīng xǐ shū lǐ gān jìng
羊的大便、尿、汗水和油脂；清洗、梳理干净
hòu tā men zài lì yòng fǎng chuí bǎ yáng máo niǎn chéng xiàn zuì hòu yòng
后，他们再利用纺锤把羊毛捻成线，最后用
zhī jī bǎ máo xiàn zhī chéng yáng máo zhī pǐn yáng máo yǒu tán xìng bù róng yì
织机把毛线织成羊毛织品。羊毛有弹性不容易
duàn lā cháng hòu hái huì tán huí lái suǒ yǐ yáng máo zhì chéng de yī fu
断，拉长后还会弹回来，所以羊毛制成的衣服

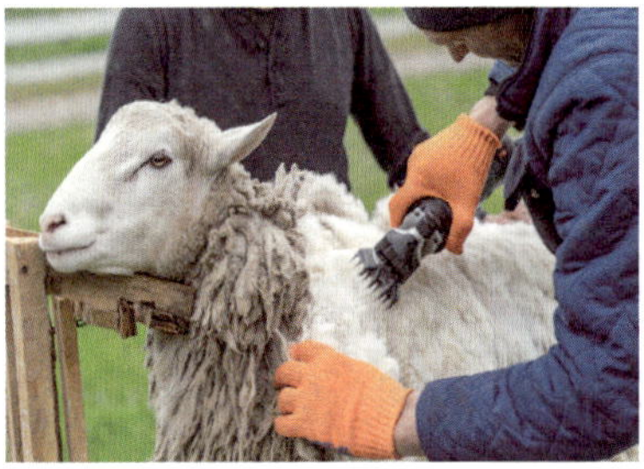

dà yuē nián qián rén lèi jiù kě néng yòng yáng máo biān zhī yī fu le tā men zài sì yǎng de yáng shēn shang qǔ máo
▲大约6000年前，人类就可能用羊毛编织衣服了，他们在饲养的羊身上取毛。

jiāng xǐ gān jìng de yáng máo màn màn chōu chū niǎn chéng xiàn zài zhuàn dòng fǎng chuí jiāng máo xiàn cháo tóng yí gè fāng xiàng niǔ jǐn máoxiàn cái bù róng yì sōng kāi
◀将洗干净的羊毛慢慢抽出捻成线，再转动纺锤将毛线朝同一个方向扭紧，毛线才不容易松开。

yáng máo fǎng chū lái de máo xiàn shì bái sè de jīng guò rǎn sè cái néng zhī chū wǔ yán liù sè de tú àn
▶羊毛纺出来的毛线是白色的，经过染色，才能织出五颜六色的图案。

bú yì yǒu zhòu zhě yáng máo miàn liào róu ruǎn yòu tòu qì ér qiě hěn bǎo
不易有皱褶；羊毛面料柔软又透气，而且很保

nuǎn suǒ yǐ sū měi ěr rén gǔ bā bǐ lún rén yà shù rén gǔ
暖，所以苏美尔人、古巴比伦人、亚述人、古

xī là rén hé gǔ luó mǎ rén dōu huì shǐ yòng yáng máo miàn liào
希腊人和古罗马人都会使用羊毛面料。

zǎo qī de yì zhǒng zhī jī jiù shì jiǎn dān de mù jià rén men jiāng xiàn yì tiáo tiáo guà zài shàng miàn xià fāng yòng zhòng wù bǎng jǐn ràng xiàn chuí xià zài lì yòng héng shù jiāo cuò biān zhī de fāng shì yòng suō zi bǎ xiàn zhī zài yì qǐ

早期的一种织机就是简单的木架，人们将线一条条挂在上面，下方用重物绑紧，让线垂下，再利用横竖交错编织的方式，用梭子把线织在一起。

古埃及人工作时穿什么衣服呢？
请看卷轴画。

gǔ āi jí rén de yà má yī
古埃及人的亚麻衣

āi jí shì gè yán rè de dì qū bú shì hé chuān hòu shi de
埃及是个炎热的地区，不适合穿厚实的
shòu pí suǒ yǐ gǔ āi jí rén zhòng zhí yà má lì yòng yà má xiān wéi
兽皮，所以古埃及人种植亚麻，利用亚麻纤维
zhī bù yà má bù qīng yíng tòu qì zài yán rè de dì fang chuān jì qīng
织布。亚麻布轻盈透气，在炎热的地方穿既清
liáng yòu shū shì gǔ āi jí de nán rén tōng cháng huì bǎ yì tiáo cū bù chán
凉又舒适。古埃及的男人通常会把一条粗布缠

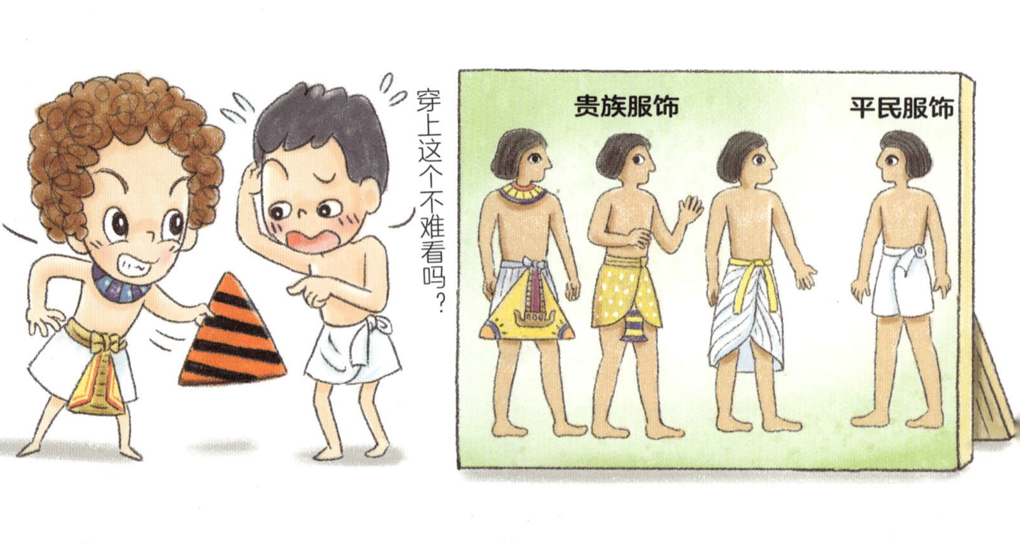
配上这个三角装饰，你就成贵族了！
穿上这个不难看吗？
贵族服饰
平民服饰

zài yāo jiān nǚ rén huì jiāng yí piàn kuān sōng de bù tào zài shēn
在腰间；女人会将一片宽松的布套在身

shang zài lì yòng chán hé bǎng de fāng shì zuò chéng hé shēn de
上，再利用缠和绑的方式，做成合身的

cháng qún xiǎo hái zài liù suì qián jī hū bù chuān yī fu yīn
长裙；小孩在六岁前几乎不穿衣服，因

wèi tài rè le nú lì yě bù chuān yī fu yīn wèi bù zài
为太热了；奴隶也不穿衣服，因为布在

dāng shí bǐ jiào áng guì
当时比较昂贵。

bǎ bù de yì jiǎo rào guò jiān bǎng zài bǎng qǐ lái jiù biàn chéng yī fu le
把布的一角绕过肩膀再绑起来，就变成衣服了。

bǎ bù de liǎng jiǎo rào guò jiān bǎng wéi yì quān bǎng zài xiōng kǒu jiù shì yī fu le
把布的两角绕过肩膀围一圈，绑在胸口，就是衣服了。

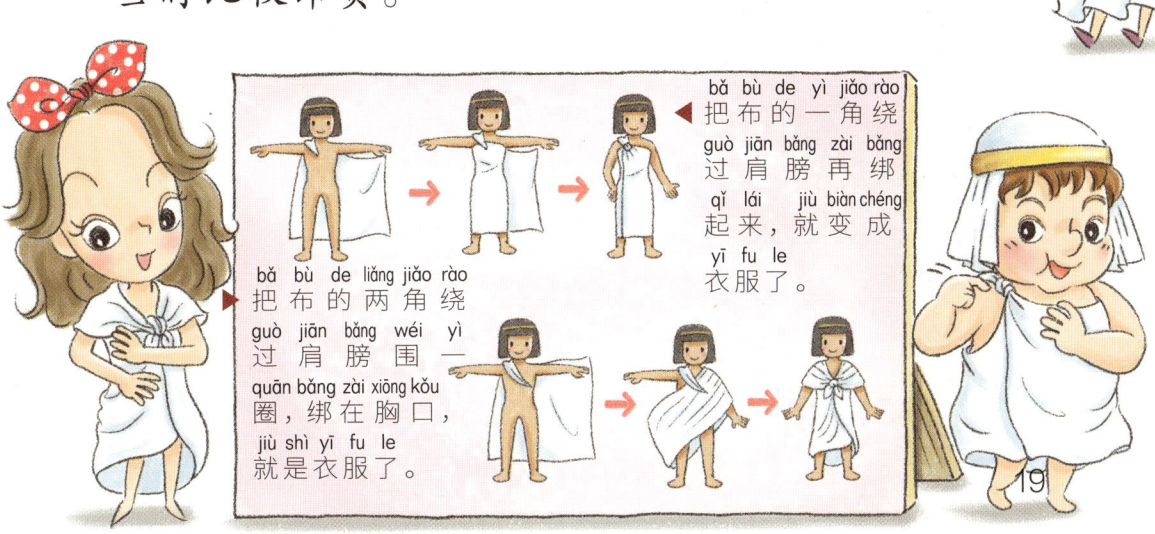

在古埃及，彩色玻璃珠和宝石一样珍贵呢！
只有贵族和有钱人才会穿皮革凉鞋！
凉鞋一般由灯芯草或纸莎草制成。
通常人们都光着脚或穿简单的草鞋。
这是古埃及的俊男美女组合，大家快拍照。

gǔ āi jí guì zú de zhuāng bàn
古埃及贵族的装扮

gǔ āi jí fǎ lǎo yě chuān yà má yāo bù bú guò tā men de
古埃及法老也穿亚麻腰布，不过他们的
wéi yāo bù bǐ jiào cháng ér qiě huì shè jì chū xǔ duō zhòu zhě jiù
围腰布比较长，而且会设计出许多皱褶，就
xiàng xiàn dài rén chuān de bǎi zhě qún yǒu shí hou tā men huì yí cì
像现代人穿的百褶裙。有时候，他们会一次
chuān liǎng jiàn huò sān jiàn yāo bù zuò chū tè bié de zào xíng bìng pèi
穿两件或三件腰布，做出特别的造型，并佩
dài zhū bǎo hé yǒu sè yāo dài yǐ zhāng xiǎn dì wèi gǔ āi jí guì
戴珠宝和有色腰带，以彰显地位。古埃及贵
fù bù jǐn huì chuān yà má yī hái huì zhào shàng tòu míng huò wǎng zhuàng de
妇不仅会穿亚麻衣，还会罩上透明或网状的
zhào shān zài jì shàng rǎn sè de yāo dài huò lì yòng bù tóng de dǎ
罩衫，再系上染色的腰带，或利用不同的打
jié fāng shì chuàng zào chū bù tóng de qún zhuāng chuān fǎ gǔ āi jí guì
结方式创造出不同的裙装穿法。古埃及贵
zú fù nǚ huì zài liǎn shang huà zhuāng bìng qiě zài bó
族妇女会在脸上化妆，并且在脖
zi shǒu hé jiǎo shang pèi dài shì pǐn ràng zì jǐ
子、手和脚上佩戴饰品，让自己
kàn qǐ lái gèng piào liang
看起来更漂亮。

科学秀

yà má xiān wéi yǔ fǎng zhī jī
亚麻纤维与纺织机

gǔ āi jí rén dà liàng zhòng zhí yà má děng yà má jié chū yà
古埃及人大量种植亚麻，等亚麻结出亚
má zǐ hòu shōu gē zài cóng yà má jīng bù shū lǐ chū yà má xiān wéi
麻籽后收割，再从亚麻茎部梳理出亚麻纤维，
bǎ yà má xiān wéi niǎn chéng shā xiàn zuì hòu zhī chéng bù gǔ āi jí rén
把亚麻纤维捻成纱线，最后织成布。古埃及人
hěn shǎo jiāng yà má bù rǎn sè yě jī hū bù jiǎn cái hé féng rèn ér
很少将亚麻布染色，也几乎不剪裁和缝纫，而
shì zhí jiē bǎ bù chán zài shēn shang zài lì yòng yāo dài huò dǎ jié de fāng
是直接把布缠在身上，再利用腰带或打结的方
shì bǎ bù chuān zài shēn shang
式把布穿在身上。

yòng zhī bù jī zhī bù xū yào huā hěn duō jīng lì suǒ yǐ píng mín
用织布机织布需要花很多精力，所以平民
yì bān huì chuān cū yà má bù yī zhǐ yǒu wáng shì hé guì zú cái huì chuān
一般会穿粗亚麻布衣，只有王室和贵族才会穿

yà má shì yì nián shēng cǎo běn zhí wù gǔ āi jí rén shōu gē yà má hòu huì xiān qù chú jīng gǎn wài pí zài yòng tiě shū màn màn shū lǐ chū lǐ miàn de yà má xiān wéi
▶ 亚麻是一年生草本植物，古埃及人收割亚麻后，会先去除茎秆外皮，再用铁梳慢慢梳理出里面的亚麻纤维。

gǔ āi jí de zhī bù jī gòu zào hěn jiǎn dān zhī bù shí jiāng shā xiàn
▼古埃及的织布机构造很简单，织布时将纱线
chán rào zài liǎng gēn héng liáng shang zài cóng shā xiàn zhōng chuān rù liǎng
缠绕在两根横梁上，再从纱线中穿入两
gēn héng gùn fēn kāi shā xiàn jiē zhe bǎ dài zhe shā xiàn de suō zi
根横棍分开纱线，接着把带着纱线的梭子
héng xiàng jiāo cuò chuān guò shā xiàn
横向交错穿过纱线。

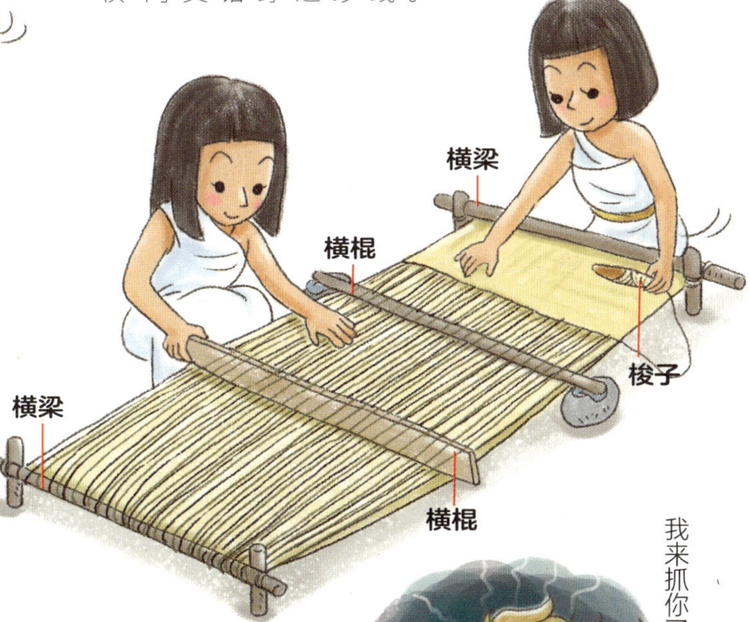

bǎ yà má xiān wéi màn màn chōu
▲把亚麻纤维慢慢抽
lā chū lái yòng shǒu zhǐ cuō
拉出来，用手指搓
róu niǎn chéng xì xiàn zài
揉，捻成细线，再
yòng zhī bù jī zhī chéng bù
用织布机织成布。

róu ruǎn xiān wéi biān zhī chéng
柔软纤维编织成
de xì yà má bù yī
的细亚麻布衣，
ér qiě tā men hái huì jì
而且他们还会系
shàng yǒu yán sè de bù yāo
上有颜色的布腰
dài ràng yī fu chuān qǐ
带，让衣服穿起
lái gèng hǎo kàn
来更好看。

亚麻布吸水又透气，古埃及人不仅会穿亚麻衣，也会用亚麻布缠在死去的人身上，做成木乃伊！

bāo chán hé pī bù chuān fǎ guǎng wéi liú chuán
包缠和披布穿法广为流传

sū měi ěr rén zài shēn shang chán yí kuài bù de chuān yī fāng shì hòu
苏美尔人在身上缠一块布的穿衣方式后
lái yě bèi bā bǐ lún rén yà shù rén xiào fǎng zài bā bǐ lún hé yà
来也被巴比伦人、亚述人效仿。在巴比伦和亚
shù wáng guó bù tóng yán sè de bù zuò chéng chán rào de juǎn yī
述王国，不同颜色的布做成缠绕的“卷衣”
hěn liú xíng zhè zhǒng yī fu wán quán bù xū yào jiǎn cái hé féng rèn
很流行，这种衣服完全不需要剪裁和缝纫。

这种穿法『仙气』十足呢！

chuān yòng yí kuài bù zuò de cháng páo zài gǔ xī
穿用一块布做的长袍在古希

là yě hěn liú xíng tā men xiān bǎ bù duì zhé
腊也很流行。他们先把布对折，

yòng bié zhēn gù dìng zài jiān shang zài bǎ yì tiáo yāo
用别针固定在肩上，再把一条腰

dài huò shéng zi jì zài yāo shang yí jiàn piāo yì kuān
带或绳子系在腰上，一件飘逸宽

sōng de cháng páo jiù chuān hǎo le
松的长袍就穿好了。

没有别针，把布绑起来也可以，还能露出我强壮的手臂。
我穿上巴比伦服装了。
惨了，别针没了。

chuān zhe yí kuài yà má bù de gǔ xī là rén
穿着一块亚麻布的古希腊人

gǔ xī là rén zài jiā huì chuān yí jiàn shù yāo de cháng shān wài
古希腊人在家会穿一件束腰的长衫，外
chū shí zé pī shàng pī jiān huò dǒu peng shù yāo de cháng shān cháng yòng yà
出时则披上披肩或斗篷。束腰的长衫常用亚
má bù zhì zuò zhǐ xū yào xiān bǎ bù duì zhé yòng bié zhēn gù dìng zài
麻布制作，只需要先把布对折，用别针固定在
jiān shang zài yòng cháng bù tiáo huò xì shéng bǎ shēn shang de bù shù jǐn zài
肩上，再用长布条或细绳把身上的布束紧在
xiōng qián huò yāo bù zhè zhǒng jiǎn dān de chuān yī fāng shì zhǐ
胸前或腰部。这种简单的穿衣方式，只
yào gǎi biàn bù de yán sè hé pī dā de fāng shì huò gǎi biàn bié
要改变布的颜色和披搭的方式，或改变别
zhēn de gù dìng fāng shì hé yāo dài de bǎng fǎ jiù néng dǎ zào
针的固定方式和腰带的绑法，就能打造
chū bù tóng fēng gé de fú zhuāng zào xíng
出不同风格的服装造型。

布不够，没办法再给大家试穿了。
没关系，我马上把试穿影像投影出来。

莫老师好漂亮啊！
莫老师摆的姿势和服装好搭配呀！
利用束腰带还能做出多层次的长裙！
没想到用一块布和别针就能搭配出这么多款式的服装！

披着羊毛织物的古罗马人

pī zhe yáng máo zhī wù de gǔ luó mǎ rén

gǔ luó mǎ rén yě xǐ huan chuān kuān sōng de yī fu
古罗马人也喜欢穿宽松的衣服。
tā men huì jiāng liǎng kuài bù jiǎn dān féng hé rán hòu zài jǐng
他们会将两块布简单缝合，然后在颈
bù hé liǎng zhī shǒu bì de dì fang liú xià kāi kǒu jiāng qí
部和两只手臂的地方留下开口，将其
chuān shàng hòu zài bǎng yāo dài zhè yàng jiù biàn chéng shù yāo de
穿上后再绑腰带，这样就变成束腰的
lián shēn yī fu le gǔ luó mǎ nán shì de yī fu cháng dù
连身衣服了。古罗马男士的衣服长度
dào xī gài ér nǚ shì yī fu cháng dù zé dào jiǎo huái
到膝盖，而女士衣服长度则到脚踝。

qí shí zuì néng dài biǎo gǔ luó mǎ rén chuān zhuó de shì tuō
其实，最能代表古罗马人穿着的是“托
jiā zhǐ yǒu gǔ luó mǎ de gōng mín kě yǐ chuān tuō jiā shì yí kuài
加”，只有古罗马的公民可以穿。托加是一块
hěn dà de yáng máo zhī wù yì bān qíng kuàng xià gǔ luó mǎ gōng mín huì
很大的羊毛织物，一般情况下，古罗马公民会
pī bái sè de tuō jiā ér dì wèi jiào gāo de guì zú guān yuán hé shén
披白色的托加，而地位较高的贵族、官员和神
zhí rén yuán zé pī shēn hóng sè huò zǐ sè gǔn biān de tuō jiā
职人员则披深红色或紫色滚边的托加。

披上托加，我们就是古罗马人了吗？
披上羊毛做的斗篷，可以保暖和防雨！

科学秀

féng yī zhēn jiǎn dāo bié zhēn hé rǎn liào
缝衣针、剪刀、别针和染料

féng yī zhēn
缝衣针

gǔ āi jí rén gǔ xī là rén hé gǔ luó mǎ rén yòng de féng yī zhēn qí xíng zhuàng yǐ jīng hé xiàn zài de zhēn chà bu duō le tā men shì yòng tóng huò hán yǒu xī de qīng tóng zhì chéng de
古埃及人、古希腊人和古罗马人用的缝衣针，其形状已经和现在的针差不多了，它们是用铜或含有锡的青铜制成的。

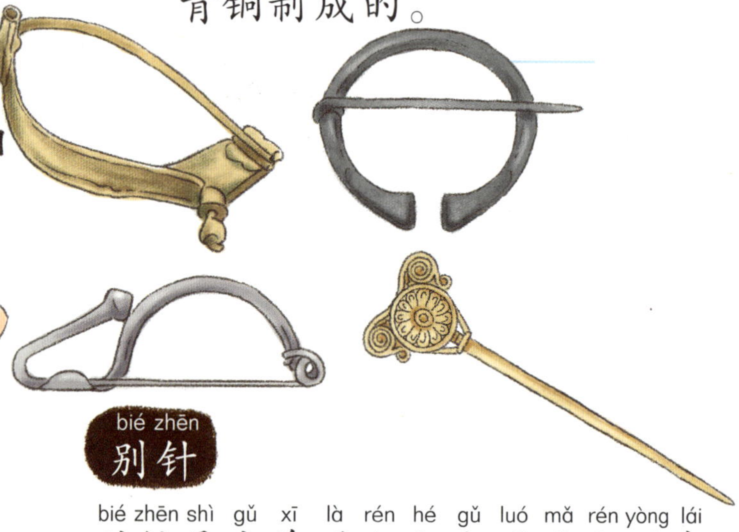

bié zhēn
别针

bié zhēn shì gǔ xī là rén hé gǔ luó mǎ rén yòng lái gù dìng yī fu huò pī fēng de fù jiàn yǐ tóng huò qīng tóng zuò wéi cái liào zài dù shàng yín huò jīn yě huì yòng bǎo shí zhuāng shì
别针是古希腊人和古罗马人用来固定衣服或披风的附件，以铜或青铜作为材料，再镀上银或金，也会用宝石装饰。

剪刀

◀古罗马人用的剪刀上面有古埃及艺术风格的图案。

考古学家发现，公元前1500年古埃及人就会使用一种两刃不交叉的青铜弹簧剪刀，到了古罗马时期才出现刀刃交叉的青铜剪或铁剪。古代的剪刀主要用来制作衣服和修剪毛发。

染料

史前时代，人类会将泥土、矿石和植物当作染料。到了古埃及、古希腊和古罗马时期，人们多利用植物给衣服染色，但当时的紫色染料来自紫海螺，很稀少，因此只有国王或贵族可以使用。

这些不是纸板做的吗？怎么这么重。

cān guān dào zuì hòu
参观到最后，
dà jiā lái dào gǔ luó mǎ
大家来到古罗马
rén de zhàn fú qū gǔ
人的战服区。古
luó mǎ rén dǎ zhàng yòng de
罗马人打仗用的
kuī jiǎ shì jiāng tiě piàn huò
盔甲是将铁片或
qīng tóng piàn féng zài shòu pí
青铜片缝在兽皮
shang zuò chéng de ér xuē
上做成的，而靴
zi zé zhí jiē yòng shòu pí zhì zuò nán tóng
子则直接用兽皮制作。男同
xué kàn dào shuài qì de gǔ luó mǎ jūn fú dōu xiǎng
学看到帅气的古罗马军服都想
chuān shàng pāi zhào liú niàn kě shì zhè xiē kuī
穿上拍照留念，可是这些盔
jiǎ dùn pái hé dāo jǐ shí zài tài zhòng le
甲、盾牌和刀戟实在太重了，
dà jiā dōu káng bù qǐ lái
大家都扛不起来。

校长加油！快秀出你的肌肉。

怪不得这么重！做得太逼真了。
因为盾牌是真木块做的，武器也是真的铁条，纸板衣服里面藏了两块砖头，头盔和鞋底也各有一块砖头！
算一算，一个古罗马士兵要背多重的装备去打仗？
长枪 5 千克 + 头盔 2 千克 + 盾牌 6 千克
+ 水壶 1 千克 + 盔甲 10 千克 + 腰刀 3 千克
+ 鞋子 3 千克 + 背包 10 千克 = 40 千克
40千克
背这么重，怎么打仗呀？

因为穿很多层，所以叫作『洋葱式』穿搭。
我觉得更像『花苞式』穿搭！这样说美多了。

第三幕 中国古代宫廷娃娃屋

美观实用的『洋葱式』穿搭风格

shàng yī xià cháng de gǔ dài fú zhuāng
“上衣下裳”的古代服装

shāng cháo yǐ qián gǔ dài zhōng
商朝以前，古代中
guó rén jiù yǐ jīng dǒng de lì yòng gé
国人就已经懂得利用葛
téng má děng zhí wù de xiān wéi hé dòng
藤、麻等植物的纤维和动
wù de máo fǎng shā zhī bù zài féng zhì chéng yī fu shāng cháo yán yòng
物的毛纺纱、织布，再缝制成衣服。商朝沿用
le qián dài shàng yī xià cháng de zhì dù shàng shēn chuān yī
了前代“上衣下裳”的制度，上身穿“衣”，
xià shēn chuān xiàng qún zi de cháng zài dù zi qián hái wéi yí kuài cháng
下身穿像裙子的“裳”；在肚子前还围一块长
guò xī gài de bù tiáo chēng wéi bì xī qí cháng duǎn hé huā sè
过膝盖的布条，称为“蔽膝”，其长短和花色
dài biǎo le dì wèi de gāo dī zuì hòu zài yòng yì tiáo yāo dài jiāng suǒ yǒu
代表了地位的高低；最后再用一条腰带将所有
yī fu shù zài yāo bù zhè zhǒng yì céng yì céng de chuān yī fāng shì
衣服束在腰部。这种一层一层的穿衣方式，
bèi xiàn dài rén píng jià wéi yáng cōng shì chuān fǎ
被现代人评价为“洋葱式”穿法。

你觉得这些衣服该怎么穿呢？请按穿衣顺序说出编号！
原来古代中国人是穿一件上衣，再围一片布裙。
1 衣
2 腰带
3 蔽膝
4 裳（裙）
我知道答案，顺序是4 1 3 2。
还是先围腰带，再夹入蔽膝呢？好难啊！
是先穿蔽膝再围腰带吗？
服装大全

liú chuán qiān gǔ de shēn yī
流传千古的“深衣”

dào le zhōu cháo, lǐ yuè zhì dù jiàn lì, lián yī fu de yàng shì yě gǎi biàn le, bù zài fēn shàng yī hé xià cháng, ér shì zuò chéng lián shēn yī qún——shēn yī, zhè yàng chuān qǐ lái jiù fāng biàn duō le.

到了周朝，礼乐制度建立，连衣服的样式也改变了，不再分上衣和下裳，而是做成连身衣裙——深衣，这样穿起来就方便多了。

shēn yī de chuān fǎ shì xiān bǎ zuǒ miàn de yī jīn gài zhù yòu miàn

深衣的穿法是先把左面的衣襟盖住右面

的衣襟，再用腰带固定。一般人为了方便工作，都会穿短上衣和窄袖口的麻布衣，只有贵族和有钱人才穿长上衣和宽袖口的丝绸服饰，而且衣领、袖口和裙摆都会带有花边或用不同颜色的布装饰，以彰显其地位。

shì hé zuò zhàn de kù zhuāng

适合作战的裤装

chūn qiū shí qī píng mín huì chuān yì zhǒng xiàng kù zi de jìng
春秋时期，平民会穿一种像裤子的“胫
yī qí shí shì liǎng tiáo jǐn néng bāo zhù xiǎo tuǐ de kù guǎn suǒ
衣”，其实是两条仅能包住小腿的裤管。所
yǐ jìng yī huì hé lèi sì qún zi de cháng dā pèi
以，胫衣会和类似裙子的裳搭配
chuān ér qiě wèi le bì miǎn zuò xià shí lù chū shēn
穿，而且为了避免坐下时露出身
tǐ dà jiā dōu shì guì zuò
体，大家都是跪坐。

zhàn guó shí qī wèi le tí gāo zhàn dòu
战国时期，为了提高战斗
lì zhōng yuán wáng cháo xué xí běi fāng cǎo yuán yóu mù
力，中原王朝学习北方草原游牧
mín zú chuān hé shēn de duǎn páo hé kù zi zhè zhǒng
民族穿合身的短袍和裤子，这种

①像裤子的胫衣。
②穿衣遮住身体和胫衣。

③不可盘坐，会露出身体。

④跪坐才符合礼仪。

chuān dā qí mǎ shí hěn fāng
穿搭骑马时很方

biàn hòu lái lǎo bǎi xìng
便。后来，老百姓

yě dōu gǎi chuān duǎn yī hé
也都改穿短衣和

kù zi bú dàn fāng biàn láo
裤子，不但方便劳

dòng yě gèngshěng bù liào
动，也更省布料。

6 后来男人都穿短衣和裤子劳作，女人则穿短衣、长裤或襦裙。

5 适合作战的短衣和长裤。

shēn yī de duō zhǒng chuān fǎ
深衣的多种穿法

dào le qín hàn shí qī
到了秦汉时期，
shēn yī de xíng shì chuān fǎ yòu
深衣的形式、穿法又
yǒu le gèng duō biàn huà zuì cháng
有了更多变化。最常
jiàn de yǒu liǎng zhǒng yì zhǒng
见的有两种：一种
shì zhí jū shēn yī lìng yì zhǒng
是直裾深衣，另一种
shì qū jū shēn yī zhí jū shēn
是曲裾深衣。直裾深
yī de chuān fǎ shì bǎ zuǒ yòu liǎng
衣的穿法是把左右两
piàn yī jīn jiāo yǎn zài yòng yāo
片衣襟交掩，再用腰
dài bǎ yī fu gù dìng zhí jū
带把衣服固定，直裾
shēn yī fēng gé gàn liàn zhōng zhèng
深衣风格干练、中正
duān zhuāng qū jū shēn yī zé gèng
端庄。曲裾深衣则更
jiā fán fù huá lí qí chuān fǎ
加繁复华丽，其穿法
shì bǎ jiā cháng de sān jiǎo xíng yī
是把加长的三角形衣

深衣介绍

直裾深衣

jīn rào dào bèi hòu chán liǎng quān huò sān
襟绕到背后，缠两圈或三

quān zài yòng yāo dài gù dìng zhè zhǒng
圈，再用腰带固定，这种

chuān fǎ kě ràng yī qún zhǎn xiàn gèng duō céng
穿法可让衣裙展现更多层

cì tóng shí jiāng shēn tǐ bāo guǒ de gèng
次，同时将身体包裹得更

jiā yán mì yǒu xiē rén hái huì zài shēn
加严密。有些人还会在深

yī wài miàn zài chuān yí jiàn dān yī huò
衣外面再穿一件单衣或

cháng páo gēn jù shǐ yòng chǎng jǐng tiáo
长袍，根据使用场景调

zhěng dā pèi
整搭配。

曲裾深衣

曲裾深衣多层次的缠绕方式，让衣服更显华丽。
莫老师好漂亮！

你们一个一个来，别挤呀！
我也想试穿曲裾深衣！

科学秀

fǎng shā zhī bù de zhí wù yuán liào
纺纱织布的植物原料

shí qì shí dài　wǒ men de zǔ xiān zài cǎi jí shí wù shí　fā
石器时代，我们的祖先在采集食物时，发

xiàn shù pí hé téng wàn bù jǐn kě yòng lái biān zhī yú wǎng hé wǎng dài　yě
现树皮和藤蔓不仅可用来编织渔网和网袋，也

kě yǐ yòng lái zhì zuò yī fu　suī rán zhè zhǒng yī fu hěn cū cāo　dàn
可以用来制作衣服，虽然这种衣服很粗糙，但

shì bǐ chuān shù yè hé yě cǎo gèng fāng biàn　hòu lái　rén men yòu fā xiàn
是比穿树叶和野草更方便。后来，人们又发现

zhí wù de pí jīng guò jìn pào huò shuǐ zhǔ　kě fēn lí chū xì xì de xiān
植物的皮经过浸泡或水煮，可分离出细细的纤

wéi　bǎ zhè xiē xiān wéi cuō chéng xiàn　zài bǎ xiàn zhī chéng bù　jiù néng
维，把这些纤维搓成线，再把线织成布，就能

zuò chū nài chuān de cū bù yī　jīng guò bú duàn fā zhǎn　zhè xiē zhí wù
做出耐穿的粗布衣。经过不断发展，这些植物

yě jiù chéng le gǔ dài zhōng guó rén zhī bù de cháng yòng yuán liào
也就成了古代中国人织布的常用原料。

▲4000年前，中国人就已经开始种植汉麻，并取汉麻纤维纺纱织布。汉麻纤维比较粗硬，做成的衣服被称为“粗布衣”，是老百姓常穿的衣服。

▲葛藤是豆科爬藤植物，葛藤可取出白色的纤维，常用来编织葛布，葛布制成的衣服轻盈透气，适合夏天穿着。

▲棉花最早从印度传入中国。种棉花比养蚕、种麻容易，织出的布也比较柔软，所以棉花取代麻成为布的主要原料。

▲苎麻原产于中国，可利用浸泡、发酵方式，让苎麻脱胶，再取纤维纺纱织布。苎麻布和葛布既吸水又排汗，都是做夏衣的常用布料。

科学秀

qǐ yuán yú zhōngguó de sī chóu
起源于中国的丝绸

cóng shí qì shí dài qǐ rén men biàn kāi shǐ
从石器时代起，人们便开始
lì yòng bù tóng dòng wù de máo gǔ dài zhōng guó rén
利用不同动物的毛。古代中国人
chú le lì yòng yáng máo máo niú máo yáng tuó máo
除了利用羊毛、牦牛毛、羊驼毛
hé tù máo yě lì yòng niǎo lèi de yǔ máo lái biān
和兔毛，也利用鸟类的羽毛来编
zhī yī wù bú guò zuì tè bié de shì yǎng cán
织衣物。不过，最特别的是养蚕
qǔ sī zài jiāng cán sī biān zhī chéng sī chóu zhōng guó
取丝，再将蚕丝编织成丝绸。中国
sī chóu yuǎn xiāo shì jiè gè dì lián dài jiāng zhòng sāng shù
丝绸远销世界各地，连带将种桑树
hé yǎng cán de jì shù yě chuán bō chū qù
和养蚕的技术也传播出去。

▲ sāng shù yuán chǎn yú zhōng guó sāng shù de yè zi
桑树原产于中国，桑树的叶子
kě yǎng cán guǒ shí kě niàng jiǔ ér qiě qí yè
可养蚕，果实可酿酒，而且其叶
zi shù pí guǒ shí dōu kě zuò wéi yào cái
子、树皮、果实都可作为药材。

黄帝之妻——嫘祖

cán sī qiáng rèn yǒu tán xìng róu ruǎn yǒu
蚕丝强韧有弹性，柔软有
guāng zé yòng tā zhī chū lái de zhī wù chēng
光泽，用它织出来的织物称
wéi sī chóu shòu dào shì jiè gè dì
为“丝绸”，受到世界各地
rén men de xǐ ài
人们的喜爱。

chuán shuō yuǎn zài huáng dì shí dài huáng
传说远在黄帝时代，黄
dì zhī qī léi zǔ jiù fā míng le yǎng cán sāo sī
帝之妻嫘祖就发明了养蚕缫丝，
yīn wèi gǔ dài yě cán shù liàng bú gòu duō
因为古代野蚕数量不够多，
suǒ yǐ rén men kāi shǐ yǎng cán qǔ sī bái
所以人们开始养蚕取丝。白
bái pàng pàng de cán shì cán é de yòu chóng
白胖胖的蚕是蚕蛾的幼虫，
jīng guò duō cì tuì pí hòu cái huì tǔ sī
经过多次蜕皮后才会吐丝、
jié jiǎn huà yǒng cán jiǎn yǒu bǎo hù yǒng de
结茧、化蛹，蚕茧有保护蛹的
zuò yòng
作用。

现在演『张骞把丝绸带到西域』的故事！

sī chóu yǔ yǎng cán jì shù de chuán bō
丝绸与养蚕技术的传播

hàn wǔ dì pài zhāng qiān chū shǐ xī yù bìng
汉武帝派张骞出使西域，并

jiāng sī zhī pǐn zuò wéi lǐ wù xié dài sī chóu róu ruǎn
将丝织品作为礼物携带。丝绸柔软

yǒu guāng zé shòu dào luó mǎ shàng céng shè huì de zhuī
有光泽，受到罗马上层社会的追

pěng shèn zhì yuàn yì yòng dà liàng de huáng jīn jiāo huàn
捧，甚至愿意用大量的黄金交换。

jiàn jiàn de zhōng guó de cán sāng sī zhī jì yì chuán bō
渐渐地，中国的蚕桑丝织技艺传播

dào yìn dù ā lá bó tǔ ěr qí yì dà lì
到印度、阿拉伯、土耳其、意大利、

fǎ guó hé rì běn děng
法国和日本等
dì yīn cǐ gǔ dài
地，因此古代
zhōng guó yě bèi chēng wéi
中国也被称为
sī guó ér zhōng
“丝国”，而中
guó yǔ shì jiè jìn xíng sī
国与世界进行丝
chóu mào yì de lù hòu bèi
绸贸易的路后被
chēng wéi sī chóu
称为“丝绸
zhī lù
之路”。

fǎngshā jī yǔ fǎng zhī jī de fā zhǎn
纺纱机与纺织机的发展

zhōng guó de fǎng zhī jì shù fā zhǎn de hěn zǎo zǎo zài jǐ qiān nián
中国的纺织技术发展得很早，早在几千年
qián jiù yǐ jīng chū xiàn jià zài yāo shang de yuán shǐ fǎng zhī jī bǎ jīng xiàn
前就已经出现架在腰上的原始纺织机，把经线
hé wěi xiàn jiāo cuò biān zhī jiù néng zhī chū jiǎn dān de zhī wù chūn qiū
和纬线交错编织，就能织出简单的织物。春秋
zhàn guó shí qī chū xiàn le shǒu yáo fǎng chē hé jiǎo tà de xié zhī jī
战国时期，出现了手摇纺车和脚踏的斜织机，
zhī bù sù dù yě gèng kuài le dào le qín hàn shí qī gèngshěng lì de
织布速度也更快了。到了秦汉时期，更省力的
jiǎo tà fǎng chē hé néng zhī chū duō zhǒng huā wén de tí huā zhī jī de dào le
脚踏纺车和能织出多种花纹的提花织机得到了
guǎng fàn yìngyòng
广泛应用。

▼手摇纺车

▼脚踏纺车

yòng shǒu yáo fǎng lún huò jiǎo tà fǎng lún de fǎng chē kě
用手摇纺轮或脚踏纺轮的纺车可
yǐ bǎ zhí wù xiānwéi hé dòng wù de máoniǎnchéngxiàn
以把植物纤维和动物的毛捻成线。

花木兰，我们女扮男装当兵去，不要在家织布了。

▶斜织机

yīn jī shēn qīng xié bèi chēng wéi xié zhī
因机身倾斜被称为斜织
jī jiǎo tà de xíng shì jiě fàng le zhī
机，脚踏的形式解放了织
gōng de shuāngshǒu
工的双手。

巧福，你本来就是男的！
你应该是男扮女装在织布吧！哈哈！

织布很累，要先纺线，再将纱线织成布，既劳力又劳神。
花木兰

▲提花织机

kě yǐ gēn jù shì xiānshè jì hǎo de tú àn jiāng bù tóngyán sè de xiàn
可以根据事先设计好的图案，将不同颜色的线
jiāo cuò biān zhī jiù néng dé dào jù yǒu gè zhǒng tú àn de bù
交错编织，就能得到具有各种图案的布。

féng yī tiě zhēn chū xiàn le
缝衣铁针出现了

zǎo zài shí qì shí dài rén lèi de zǔ xiān jiù cháng shì zuò chū
早在石器时代，人类的祖先就尝试做出
xì xiǎo de gǔ zhēn bìng qiě lì yòng dòng wù de pí hé jīn féng zhì shòu pí
细小的骨针，并且利用动物的皮和筋缝制兽皮
yī dào le shāng cháo qīng tóng zuò de zhēn chū xiàn le dàn shì qīng tóng
衣。到了商朝，青铜做的针出现了，但是青铜
bù róng yì zuò chéng xì xiǎo de féng yī zhēn féng yī zhēn hái shi duō yǐ
不容易做成细小的缝衣针，缝衣针还是多以
gǔ zhēn wéi zhǔ chūn qiū zhàn guó shí qī yě tiě jì shù jìn yí bù fā
骨针为主。春秋战国时期，冶铁技术进一步发
zhǎn zhè cái chū xiàn tiě zuò de féng yī zhēn dào le qín hàn shí qī rén
展，这才出现铁做的缝衣针。到了秦汉时期，人
men dōu yòng tiě zhēn féng yī fu táng sòng shí qī yě liàn jì shù tí shēng
们都用铁针缝衣服，唐宋时期，冶炼技术提升，
gāng zhēn cái chū xiàn
钢针才出现。

gǔ dài féng yī tiě zhēn de zuò fǎ
解答 古代缝衣铁针的做法

jiāng shēng tiě chuí chéng xì tiě tiáo zài cóng tiě chǐ xiǎo dòng zhōng yòng lì chōu
1 将生铁锤成细铁条，再从铁尺小洞中用力抽
chū biàn chéng cū xì jūn yún de tiě xiàn
出，变成粗细均匀的铁线。

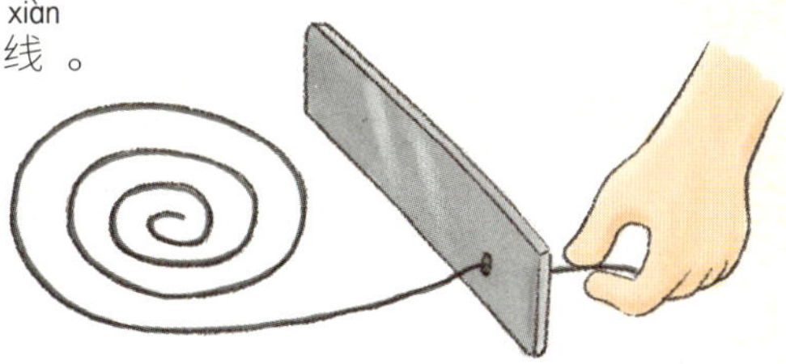

jiāng tiě xiàn jiǎn chéng xiǎo duàn yì duān mó jiān lìng yì duān chuí
2 将铁线剪成小段，一端磨尖，另一端锤
biǎn zài zuàn dòng zhè jiù shì tiě zhēn de jī běn xíng tài le
扁再钻洞，这就是铁针的基本形态了。

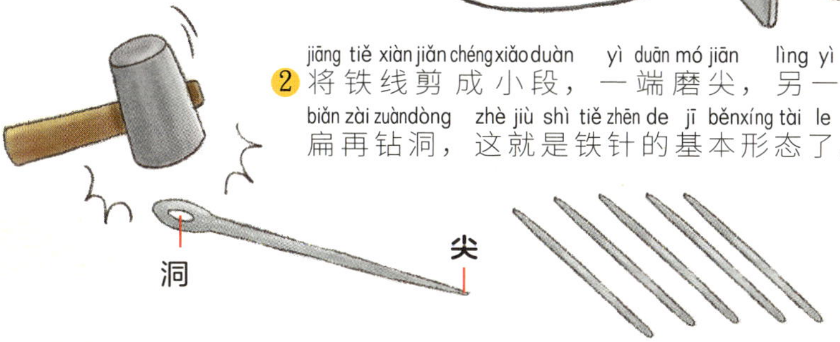

jiāng tiě zhēn fàng rù guō zhōng zài jiā shàng ní fěn sōng mù huī dòu chǐ yī qǐ
3 将铁针放入锅中，再加上泥粉、松木灰、豆豉，一起
yòng dà huǒ chǎo rán hòu gài qǐ lái mēn xíng chéng gèng jiān yìng de shú tiě zhēn
用大火炒，然后盖起来闷，形成更坚硬的熟铁针。

我也好想穿这种礼服！
校长果然是大人物。
校长，您终于又出现了！您错过的部分，我再帮您解说一遍。
对呀！蓝多老师还要『特别』再说一遍呢！

第四幕　新式宫廷娃娃屋

巧妙又夸张的宫廷服装设计

cóng běi fāng lái de rì ěr màn rén fú shì
从北方来的日耳曼人服饰

gǔ luó mǎ dì guó jiàn jiàn shuāi ruò shēng huó zài běi ōu yí dài
古罗马帝国渐渐衰弱，生活在北欧一带

de rì ěr màn rén kāi shǐ xiàng nán kuò zhāng zhàn lǐng le dà liàng tǔ dì
的日耳曼人开始向南扩张，占领了大量土地，

bìng jiàn lì le zì jǐ de wáng guó zhè xiē yǐ qián shēng huó zài běi fāng
并建立了自己的王国。这些以前生活在北方

de nán rén wèi le fāng biàn
的男人为了方便

láo dòng hé qí mǎ dǎ
劳动和骑马打

zhàng dōu chuān zhe hé shēn
仗，都穿着合身

de duǎn shàng yī hé cháng
的短上衣和长

kù hái huì bǎng tuǐ
裤，还会绑腿；

当时的古罗马人认为，日耳曼是野蛮的民族！
日耳曼人
别跑，骑马当然要穿长裤，要不然屁股会受伤！

日耳曼人金发碧眼、白皮肤、身材高大。

女人都穿着紧身上衣，外面再加一件宽松的外衣或者围裙。天冷或外出时，他们还会披上披肩或斗篷。夏天的衣服主要用透气的亚麻制作，而冬天的衣服则用保暖的羊毛制作。

róng hé bù tóng tè sè de luó mǎ shì fú shì
融合不同特色的罗马式服饰

luó mǎ shì fú shì shì gǔ luó mǎ wén huà zhōng de kuān sōng cháng páo
罗马式服饰是古罗马文化中的宽松长袍
yǔ běi fāng rì ěr màn rén de fú shì tè diǎn, hái yǒu dōng fāng bài zhàn
与北方日耳曼人的服饰特点，还有东方拜占
tíng fú shì wén huà jié hé hòu, fā zhǎn chéng de yì zhǒng huá lí fēng gé
庭服饰文化结合后，发展成的一种华丽风格
qiě chuān fǎ biàn lì de fú shì。 zhè zhǒng fú shì de chuān fǎ shì zài lǐ
且穿法便利的服饰。这种服饰的穿法是在里

莫老师用两块布就能做出漂亮衣服，真厉害！
外穿长袍
内穿长袍

miàn chuān kuān sōng cháng yī wài miàn zài chuān yí jiàn hé shēn de cháng páo huò
面穿宽松长衣，外面再穿一件合身的长袍或

duǎn páo bìng pèi shàng kù zi hé wà zi wài chū shí rén men hái huì
短袍，并配上裤子和袜子；外出时，人们还会

pī shàng dǒu péng huò pī jiān bìng dài shàng mào zi huò tóu jīn guì zú de
披上斗篷或披肩，并戴上帽子或头巾。贵族的

yī fu duō shì sī chóu zuò de yán sè xiān yàn zhì dì xì nì xiù
衣服多是丝绸做的，颜色鲜艳、质地细腻，袖

kǒu yě bǐ jiào kuān zhāng xiǎn chū tā men zūn guì de dì wèi
口也比较宽，彰显出他们尊贵的地位。

披肩
这个时期以前，欧洲人的衣服很简单，只要把前后两片布缝合就好了！
帽子也只是用布包起来绑上的。
真好看！我也想穿。

华丽的哥特式服饰

14~15世纪，衣服的设计变得很有立体感：女士的上衣贴身合体，裙摆则又宽又大，这让她们的腰看起来都很细，而且头上的头巾也换成了又尖又长的高帽子；男士穿的上衣变短，下半身穿紧身长裤袜，再配上尖头鞋，头上也戴着高帽子。在这一时期，人们开

巧福，你穿这种『巫婆装』就有腰了！哈哈！

始在衣服和袖口缝上扣子，除了当作装饰外，也让衣服穿起来更合身。贵族服装神秘而华丽，与平民服饰的差异也越来越大。

平民的衣服简单，没特色！
牧羊犬

wén yì fù xīng shí qī de shí máo fú shì
文艺复兴时期的时髦服饰

shì jì rén men zhuī qiú huá lì shí shàng bù guǎn nán shì
16世纪，人们追求华丽时尚。不管男士
hái shi nǚ shì dōu xǐ huan yán sè xiān yàn tú àn fēng fù de sī chóu
还是女士，都喜欢颜色鲜艳、图案丰富的丝绸
hé tiān é róng fú zhuāng nán shì huì chuān yǒu yìng zhòu zhě yuán lǐng kuān jiān
和天鹅绒服装。男士会穿有硬皱褶圆领、宽肩
bǎng péng xiù zi kòu zi hěn duō de duǎn shàng yī zài dā pèi dēng
膀、蓬袖子、扣子很多的短上衣，再搭配灯
lóng duǎn kù hé cháng wà bìng qiě zài xiōng qián tián chōng yáng máo chèn diàn
笼短裤和长袜，并且在胸前填充羊毛衬垫，

他们认为这样可以让自己看起来雄壮威武。

女士喜欢穿平口领或扇形褶领的连身衣，衣服腰部呈“V”字形，内部裙撑把裙子撑大，变成蓬蓬裙，让腰看起来更细；最后再穿上高跟鞋，看起来就又高又瘦了。

dà háng hǎi shí dài de lěi sī huā biān fú shì

大航海时代的蕾丝花边服饰

shì jì shì ōu zhōu de dà háng hǎi shí dài ōu zhōu rén bú zài chuān yǒu hòu dà zhě lǐng de yī fu kāi shǐ gǎi chuān zài lǐng kǒu xiù kǒu kù guǎn hé qún zi xià bǎi jiā shàng lěi sī huā biān de fú zhuāng

17世纪是欧洲的大航海时代，欧洲人不再穿有厚大褶领的衣服，开始改穿在领口、袖口、裤管和裙子下摆加上蕾丝花边的服装。

zhè yì shí qī de nán shì men cháng cháng dào shì jiè gè dì tàn

这一时期的男士们常常到世界各地探

剑客达达尼昂
原来剑客达达尼昂穿的蕾丝服装和大圆帽就是这一时期的。

我有蕾丝裙、卷发、洋娃娃般的精致面容。
我才是真的洋娃娃玩具！
我也是洋娃娃。

险，他们留着长发，穿着有大蕾丝领的长外套，再配上及膝裤子、长袜和皮鞋，戴上大圆帽。这种服饰方便工作，穿去参加活动也显得正式且高雅。女士们则喜欢把头发烫卷，再穿上缀有蕾丝花边的丝绸服装，一些现代工厂还根据这种装扮做出了美丽的洋娃娃玩具。

huá lì yòu kuà zhāng de fǎ guó gōng tíng fú shì
华丽又夸张的法国宫廷服饰

shì jì de fǎ guó gōng tíng fú zhuāng biàn de yuè lái yuè kuā
18世纪的法国宫廷服装变得越来越夸
zhāng nán shì xǐ huan chuān cháng wài tào jiā duǎn bèi xīn ér qiě wài tào
张，男士喜欢穿长外套加短背心，而且外套
xià bǎi xiàng qún zi yí yàng cháng zài chuān shàng jí xī kù hé jǐn shēn cháng
下摆像裙子一样长，再穿上及膝裤和紧身长
wà cháng xuē rán hòu dài shàng pēn le yán sè de jiǎ fà hái yào bǎ
袜、长靴，然后戴上喷了颜色的假发，还要把
liǎn yě tú bái nǚ shì zé lì yòng qún chēng bǎ qún zi chēng de yòu
脸也涂白。女士则利用裙撑把裙子撑得又
kuān yòu dà zài yòng tiě kuàng hé chèn diàn bǎ tóu fa shū
宽又大，再用铁框和衬垫把头发梳

得又高又挺，还会插上各种奇怪的饰品，以夸张的服装和发型在宫廷中争奇斗艳。此外，这个时代的贵族都喜欢穿高跟鞋，尤其是男性！

科学秀

zhāngxiǎnshēn fèn de qúnchēng hé gāo gēn xié
彰显身份的裙撑和高跟鞋

shì jì péngpéng qún zài xī bān yá liú xíng nǚ shì chuān de qún zi zhī suǒ yǐ yòu kuān yòu péng shì yīn wèi qún zi xià miàn yǒu mù tiáo zuò de qún chēng hòu lái rén men yòu yòng máo zhī pǐn jīng yú gǔ huò mù cái zuò qún chēng zài yòng jīn shǔ sī jiāng qún chēng gù dìng zài yāo bù zhè yàng jiù néng bǎ qún zi chēng kāi lái le yī fú de péng péng xiù yě shì lì yòng chèn diàn zhì zào de xiào guǒ

16世纪，蓬蓬裙在西班牙流行。女士穿的裙子之所以又宽又蓬，是因为裙子下面有木条做的“裙撑”。后来，人们又用毛织品、鲸鱼骨或木材做裙撑，再用金属丝将裙撑固定在腰部，这样就能把裙子撑开来了。衣服的蓬蓬袖也是利用衬垫制造的效果。

巧福，不管你穿哪种裙撑，都骗不了人吧！
法式裙垫
原来穿裙撑是『障眼法』，
骗人的！
英式裙撑

国王收藏的高跟鞋

我最喜欢穿高跟鞋！
路易十四

nǚ shì chuān cháng qún shí huì dā pèi
女士穿长裙时会搭配
gāo gēn xié ràng shēn cái kàn qǐ lái gèng xiū
高跟鞋，让身材看起来更修
cháng gāo gēn xié zuì chū qí shí shì bō sī
长。高跟鞋最初其实是波斯
rén fā míng de shì wèi le ràng nán shì qí
人发明的，是为了让男士骑
mǎ shí xié zi néng qiǎ zài mǎ dèng shang méi
马时鞋子能卡在马镫上。没
xiǎng dào gāo gēn xié chuán dào ōu zhōu hòu
想到，高跟鞋传到欧洲后，
fǎ guó guó wáng lù yì shí sì fēi cháng xǐ
法国国王路易十四非常喜
huan cóng cǐ gāo gēn xié jiù chéng le yì
欢。从此，高跟鞋就成了一
zhǒng liú xíng dāng shí de guì zú nán nǚ dōu
种流行，当时的贵族男女都
ài chuān
爱穿。

我认为只要健康饮食，多运动，也能维持好身材，不用穿这种连着束身衣的裙撑啦！
西班牙式裙撑

làngmàn dà qì de tángcháo nǚ zhuāng
浪漫大气的唐朝女装

táng cháo shí de gǔ dài zhōng guó shè huì tài píng fù zú zhī bù
唐朝时的古代中国社会太平富足，织布
hé rǎn bù de jì shù yǒu le hěn dà de jìn bù suǒ yǐ tángcháo rén
和染布的技术有了很大的进步。所以，唐朝人
de fú zhuāng bù liào xì nì yán sè xiān yàn yī fu de yàng shì duō
的服装布料细腻，颜色鲜艳，衣服的样式多
biàn rén men kàn qǐ lái dōu fēi cháng yōu yǎ yǒu qì zhì yóu qí shì
变。人们看起来都非常优雅、有气质，尤其是
dāng shí de nǚ xìng tángcháo nǚ zhuāng jì chéng le shàng yī xià cháng
当时的女性。唐朝女装继承了“上衣下裳”
de yàng shì shàng bàn shēn chuān rú shān xià
的样式，上半身穿襦衫，下
bàn shēn chuān rú qún ér qiě wèi le ràng shēn
半身穿襦裙，而且为了让身
cái kàn qǐ lái gèng xiū cháng tángcháo nǚ xìng huì
材看起来更修长，唐朝女性会
tè dì bǎ qún yāo lā gāo zài pī shàng yì
特地把裙腰拉高，再披上一
tiáo bàn tòu míng de cháng shā jīn zǒu qǐ lù
条半透明的长纱巾，走起路
lái yī mèi piāo piāo jiù xiàng xiān nǚ yí yàng
来衣袂飘飘，就像仙女一样。

同学们快来我的服装博物馆，当唐朝美女吧！
我还是喜欢瘦一些。
我们竟然因为太瘦当不成唐朝美女。
对呀！肚子的部分好宽松。
没错，唐朝美女都像我一样，胖胖的，非常可爱。
这是上学期的服装，没花钱。
原来大家都认为我适合『气质高雅』的衣服，哈哈！
唐朝男士穿的袍衫，好像校长的衣服！

duānzhuāngdiǎn yǎ de míngcháo fú shì
端庄典雅的明朝服饰

míng cháo de guān yuán xǐ huan chuān kuān sōng páo shān bìng qiě tā men
明朝的官员喜欢穿宽松袍衫，并且他们
de yāo dài shù de yě hěn sōng suǒ yǐ wǒ men cháng zài gǔ huà zhōng kàn dào
的腰带束得也很松，所以我们常在古画中看到
tā men shǒu fú yāo dài de yàng zi dāng shí de nán shì hé nǚ shì hái huì
他们手扶腰带的样子。当时的男士和女士还会
chuān duǎn ǎo hé mǎ miàn qún mǎ miàn qún shàng yǒu xì mì de zhě zi
穿短袄和马面裙，马面裙上有细密的褶子。

míngcháo de nǚ zǐ hái huì chuān bèi zi diǎn xíng kuǎn shì wéi zhí lǐng
明朝的女子还会穿“褙子”，典型款式为直领
duì jīn de cháng xiù yī shān míngcháo rén xǐ huan lì lǐng de yī fu
对襟的长袖衣衫。明朝人喜欢立领的衣服，
zhè hé tángcháo de dī lǐng shān dà wéi bù tóng dāng shí de shè huì fēng qì
这和唐朝的低领衫大为不同。当时的社会风气
yě fā shēng le biàn huà míngcháo nǚ xìng yòng lì lǐng bǎ bó zi bāo de jǐn
也发生了变化，明朝女性用立领把脖子包得紧
jǐn de bú zài xiàng tángcháo de nǚ xìng chuān dī xiōng de yī fu
紧的，不再像唐朝的女性穿低胸的衣服。

shòu zhōng guó yǐng xiǎng de rì běn hán guó fú shì
受中国影响的日本、韩国服饰

tóng xué men cān guàn le gǔ dài zhōng guó fú
同学们参观了古代中国服
shì fā xiàn rì běn hán guó de chuán tǒng fú zhuāng
饰，发现日本、韩国的传统服装
yǔ táng cháo míng cháo de yī fu hěn xiàng lán duō
与唐朝、明朝的衣服很像。蓝多
lǎo shī zì háo de jiě shuō nǐ men zhī dào ma
老师自豪地解说：“你们知道吗？
rì běn de hé fú shòu dào le zhōng guó gǔ dài sān guó
日本的和服受到了中国古代三国
shí qī wú guó fú zhuāng hé táng cháo fú zhuāng de shēn
时期吴国服装和唐朝服装的深
kè yǐng xiǎng ér hán guó chuán tǒng fú shì zé shì gēn
刻影响，而韩国传统服饰则是根
jù míng cháo huáng dì cì yǔ cháo xiǎn guó wáng de fú
据明朝皇帝赐予朝鲜国王的服
shì fā zhǎn ér lái de tóng xué men huǎng rán dà
饰发展而来的。”同学们恍然大
wù fēn fēn biǎo shì zhè cì de zhǎn shì zhēn shi gān
悟，纷纷表示这次的展示真是干
huò mǎn mǎn
货满满！

大家猜猜看，请根据服饰特征，分别找出穿中国、韩国和日本传统服装的纸娃娃！答对了有奖励！

rì běn de hé fú zuì zǎo chēng
▶日本的和服最早称“
fú xiāng chuán shì rì běn dà hé
服”，相传是日本大和
dài cóng zhōng guó sān guó shí qī de
代从中国三国时期的
dì yǐn rù hòu lái rì běn yòu fǎng
地引入，后来日本又仿
táng cháo fú zhuāng jīng guò bú duàn fā
唐朝服装，经过不断发
cái yǒu le xiàn zài de hé fú
才有了现在的“和服”。

míng cháo huáng dì cì gěi cháo xiǎn guó wáng hé wáng fēi de yī fu shēn shēn yǐng xiǎng le cháo xiǎn fú shì wén huà
明朝皇帝赐给朝鲜国王和王妃的衣服，深深影响了朝鲜服饰文化。

20世纪后期的服装和现在的差不多啊！
20 世纪后期
20 世纪中期
20 世纪前期

第五幕　现代服饰娃娃屋

舒适方便的衣服

fǎ guó dà gé mìng hòu de jiǎn dān zì rán zhī fēng
法国大革命后的简单自然之风

nián ōu zhōu bào fā le
1789年，欧洲爆发了
fǎ guó dà gé mìng lù yì wáng cháo bèi tuī
法国大革命，路易王朝被推
fān yuè lái yuè duō rén xiǎng yào zhuī qiú zì
翻，越来越多人想要追求自
yóu yǔ zì rán bú zài xǐ huan guì zú yuán
由与自然，不再喜欢贵族原
lái dài jiǎ fà liǎn tú bái chuān huá lì
来戴假发、脸涂白、穿华丽

《傲慢与偏见》中的
人物角色“达西先生”

kuā zhāng fú shì de zhuāng bàn kāi shǐ chuān xiàng gǔ
夸张服饰的装扮，开始穿像古
xī là gǔ luó mǎ shí qī de jiǎn dān fú zhuāng
希腊、古罗马时期的简单服装。
nán shì gǎi chuān jiǎn dān hé shēn de xī zhuāng wài tào
男士改穿简单合身的西装外套
hé cháng kù huò jǐn shēn kù nǚ shì zé gǎi chuān
和长裤或紧身裤，女士则改穿
gāo yāo cháng páo bú zài chuān shù shēn yī qún
高腰长袍，不再穿束身衣、裙
chēng hé gāo gēn xié ràng zì jǐ kàn qǐ lái jiù
撑和高跟鞋，让自己看起来就
xiàng gǔ xī là nǚ shén diāo xiàng yí yàng jiǎn dān yòu
像古希腊女神雕像一样简单又
yōu yǎ
优雅。

这种优雅的服装好受欢迎！
是『达西先生』受欢迎，不是服装，你懂不懂？

chóng xīn liú xíng de shù shēn yī hé qún chēng
重新流行的束身衣和裙撑

shì jì chū qī jiǎn dān yòu zì rán de fú zhuāng zài ōu zhōu
19世纪初期，简单又自然的服装在欧洲
liú xíng le jǐ shí nián hòu fú shì fēng gé yòu fā shēng le biàn huà
流行了几十年后，服饰风格又发生了变化。
nán shì de fú zhuāng fā zhǎn chū le chènshān jiā duǎn mǎ jiǎ hé xī zhuāng wài
男士的服装发展出了衬衫加短马甲和西装外
tào zài dā pèi cháng kù pí xié de chuān fǎ nǚ shì de yī fu
套，再搭配长裤、皮鞋的穿法。女士的衣服

què zhòng huí huá lì jīng zhì wèi le ràng yāo bù kàn qǐ
却重回华丽精致，为了让腰部看起
lái gèng xì shù shēn yī hé qún chēng yòu kāi shǐ liú xíng
来更细，束身衣和裙撑又开始流行
le nǚ shì men zài dù chuān qǐ péng péng qún chuān zhè
了，女士们再度穿起蓬蓬裙。穿这
zhǒng yī fu xíng dòng hěn bù fāng biàn suǒ yǐ cháng cháng shì
种衣服行动很不方便，所以常常是
nà xiē bú yòng zuò jiā wù de guì fù rén hé fù xiǎo jiě
那些不用做家务的贵妇人和富小姐
chuān zhe
穿着。

促进纺织业发展的工业革命

瓦特改良蒸汽机，推动了欧洲的工业革命。1830—1900年是英国纺织工业蓬勃发展的时期，自动织布机、纺织机取代了手工纺织，使得布料越来越便宜，再加上缝纫机的发明及染布技术的进步，提升了服装制作工艺

hé zhì zuò xiào lǜ gōng rén men dōu chuān yàng shì jiǎn dān biàn yú láo dòng de
和制作效率。工人们都穿样式简单便于劳动的

yī fu guì zú fù rén què chuān zhe huá lì de fú shì nǚ shì de qún
衣服，贵族富人却穿着华丽的服饰。女士的裙

zhuāng biàn huà yóu qí duō bú jǐn yǒu pào pào xiù zì qún hái
装变化尤其多，不仅有泡泡袖“A”字裙，还

yǒu diàn le chèn diàn shǐ tún bù qiào qǐ de bā sī ěr qún tā men chū mén
有垫了衬垫使臀部翘起的巴斯尔裙。她们出门

shí hái huì dài mào zi hé shǒu tào
时还会戴帽子和手套，

bìng chēng yì bǎ xiǎo yáng sǎn kàn qǐ
并撑一把小洋伞，看起

lái jì shí shàng yòu yōu yǎ
来既时尚又优雅。

感觉好像此刻我与艾丽的差别。

穷人与富人的差别。

gōng chǎng nǚ gōng gōng zuò shí tōng cháng
◀工厂女工工作时通常
huì tào shàng wéi qún huò zhào shān bì
会套上围裙或罩衫，避
miǎn bǎ yī fu nòng zāng
免把衣服弄脏。

科学秀

纺织工厂大量出现

1733年，英国人约翰·凯伊发明了飞梭，并申请了飞梭织布机的专利。这种飞梭改变了以往梭子缠绕纬线的方式，可以加快织布的速度，一时间纱线的供应反而跟不上了。1764年，英国织布工人詹姆斯·哈格里夫斯发明了珍妮纺纱机，纺纱效率大幅提高。因此，毛、棉、麻等纺织物的产量大增，价格下降，大家都买得起布做衣服了。

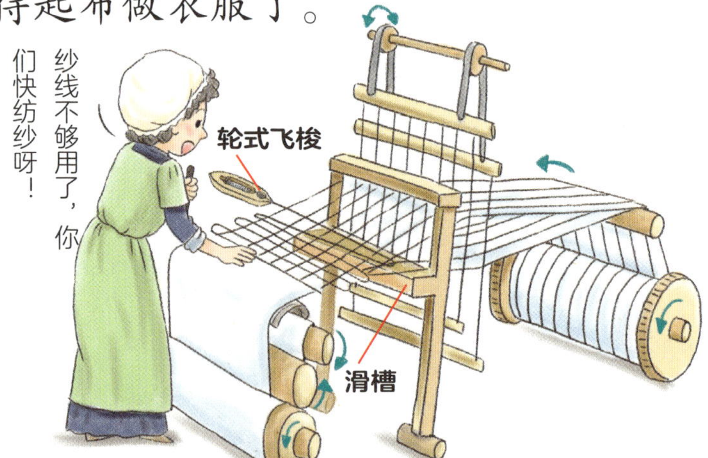

▲飞梭织布机的原理是在滑槽上安装有滚轮的梭子，滑槽两端有弹簧，可让梭子快速在纱线间来回穿梭，织布速度极快。

féng rèn jī de chū xiàn tuī
缝纫机的出现推
dòng le fú zhuāng yè de fā zhǎn
动了服装业的发展。
cóng nián kāi shǐ chū xiàn
从1825年开始，出现
le xǔ duō zhì zuò yī fu de gōng
了许多制作衣服的工
chǎng hé fú zhuāng zhuān mài diàn yī
厂和服装专卖店。衣
fu bú zài xū yào dìng zuò rén men
服不再需要定做，人们
zhí jiē dào fú zhuāng zhuān mài diàn jiù
直接到服装专卖店就
néng mǎi dào xǐ huan de yī fu
能买到喜欢的衣服。

我能做更多衣服，赚更多钱了！

nián yīng guó rén tuō mǎ sī shān
▲1790年，英国人托马斯·山
tè fā míng le dì yī tái féng rèn jī
特发明了第一台缝纫机；
nián měi guó de liè chá kè méi
1851年，美国的列察克·梅
lǐ tè shèng jiā fā míng le suǒ shì xiàn jì féng
里特·胜家发明了锁式线迹缝
rèn jī bìng chéng lì le shèng jiā gōng sī
纫机，并成立了胜家公司。

詹姆斯·哈格里夫斯
这是我发明的『珍妮纺纱机』！
这台机器一次就能做出好几锭的纱线，够你用了！
纺锭

zhēn nī fǎng shā jī bǎ fǎng dìng zhí lì pái liè yí cì néng fǎng chū dìng de shā
▲珍妮纺纱机把纺锭直立排列，一次能纺出8～18锭的纱
xiàn bǐ yǐ qián yí cì zhǐ néng fǎng dìng shā xiàn de jī qì kuài duō le
线，比以前一次只能纺1～2锭纱线的机器快多了。

shū shì yòu tiē hé shēn tǐ qū xiàn de fú zhuāng
舒适又贴合身体曲线的服装

shì jì mò rén men fā xiàn nǚ xìng chuān de shù shēn yī huì
19世纪末，人们发现女性穿的束身衣会
yā pò nèi zàng yě huì fáng ài gǔ gé de zhèng cháng shēng zhǎng yán zhòng
压迫内脏，也会妨碍骨骼的正常生长，严重
sǔn hài nǚ xìng shēn tǐ jiàn kāng suǒ yǐ yǒu rén zhǔ zhāng nǚ xìng yào chuān
损害女性身体健康，所以有人主张女性要穿

《绿山墙的安妮》中的主角

kuān sōng, fāng biàn huó dòng
宽松，方便活动

de yī fu. yīn cǐ,
的衣服。因此，

yī fu de shè jì yòu zǒu
衣服的设计又走

xiàng lìng yì zhǒng kuān sōng
向另一种宽松、

zì rán de yàng shì
自然的样式。

《彼得兔的故事》的作者毕翠克丝·波特

cǐ wài, suí zhe shè huì guān niàn
此外，随着社会观念

de zhuǎn biàn, nǚ shì yě kāi shǐ wài chū
的转变，女士也开始外出

gōng zuò. suǒ yǐ, hěn duō nǚ shì de
工作。所以，很多女士的

yī fu yě shè jì de hé nán zhuāng xiāng
衣服也设计得和男装相

sì, ràng nǚ shì men chuān qǐ lái jì měi
似，让女士们穿起来既美

lì yòu biàn lì
丽又便利。

shì jiè gè dì jù yǒu dài biǎoxìng de chuántǒng fú shì
世界各地具有代表性的传统服饰

suī rán zài shì jiè gè dì de
虽然在世界各地的
chéng shì zhōng fú shì cháo liú bú duàn
城市中，服饰潮流不断
biàn huà dàn shì zhù zài xiāng cūn de
变化，但是住在乡村的
rén wǎng wǎng xuǎn zé zuì shì hé dāng
人，往往选择最适合当
dì shēng huó huán jìng qì hòu hé láo
地生活环境、气候和劳
dòng lèi xíng de fú zhuāng bú tài shòu
动类型的服装，不太受
cháo liú yǐng xiǎng suǒ yǐ wǒ men
潮流影响。所以，我们
xiàn zài zài yī xiē xiāng cūn láo dòng huò
现在在一些乡村劳动或
qìng diǎn děng tè shū chǎng jǐng zhōng hái néng
庆典等特殊场景中还能
kàn dào shì jiè gè guó bù tóng de chuán
看到世界各国不同的传
tǒng fú shì
统服饰。

zhōng guó chuán tǒng fú shì
▶ 中国传统服饰
zhōng nán xìng chuān de mǎ
中男性穿的马
jiǎ nǚ xìng chuān de
甲、女性穿的
qí páo dōu shì cóng qīng
旗袍都是从清
cháo de fú zhuāng yǎn biàn
朝的服装演变
ér lái de
而来的。

yuè nán chuán tǒng fú shì shì kāi gāo chà de
▲ 越南传统服饰是开高衩的
sī chóu wài yī pèi kuān sōng cháng kù dūn
丝绸外衣，配宽松长裤，蹲
zuò dōu hěn fāng biàn
坐都很方便。

hé lán chuán tǒng fú shì tè bié zhī chù zài yú gōng zuò mù xié hé bái sè jiān dǐng mào
◀荷兰传统服饰特别之处在于工作木鞋和白色尖顶帽。

měi guó yìn dì ān rén de chuán tǒng fú shì shì niú pí bèi xīn hé pí qún
▼美国印第安人的传统服饰是牛皮背心和皮裙。

gé wén qún zhuāng shì sū gé lán chuán tǒng fú shì zhī yī
◀格纹裙装是苏格兰传统服饰之一。

xī bān yá wǔ qún hé dòu niú shì fú zhuāng shì tā men jí jù dài biǎo de chuán tǒng fú shì
▲西班牙舞裙和斗牛士服装是他们极具代表的传统服饰。

ā lá bó de chuán tǒng fú shì néng gé rè hé fáng fēng shā
◀阿拉伯的传统服饰能隔热和防风沙。

mò xī gē hé bì lǔ de chuán tǒng fú shì shì yòng rǎn sè de yáng tuó máo zhì zuò de， sè cǎi fēng fù
▲墨西哥和秘鲁的传统服饰是用染色的羊驼毛制作的，色彩丰富。

zhànzhēngràng nǚ shì de qún zi biànduǎn le
战争让女士的裙子变短了

nián dì yī cì shì jiè dà zhàn bào fā nán
1914—1918年，第一次世界大战爆发，男
shì lí jiā shàngzhànchǎng nǚ shì jìn rù yǔ zhànzhēngxiāngguān de shēngchǎn
士离家上战场，女士进入与战争相关的生产
yī xiàn jiā zhī wù zī kuì fá suǒ yǐ rén men zhǐ néngchuān zhe jiǎn dān
一线。加之物资匮乏，所以人们只能穿着简单
kuānsōng de yī fu nà shí nǚ shì de qún zi bú zài cháng dào tuō dì
宽松的衣服，那时女士的裙子不再长到拖地，
kě yǐ lù chū shuāng tuǐ qún bǎi yě bù zài péng qǐ yǒu xiē nǚ shì
可以露出双腿，裙摆也不再蓬起，有些女士
wèi le fāngbiàngōng zuò shèn zhì chuān qǐ kù zhuāng
为了方便工作甚至穿起裤装。

dào le dì èr cì shì jiè dà zhàn gèng duō
到了第二次世界大战，更多
ōu měi nǚ xìng jìn rù gōng chǎng gōng zuò tā men dōu
欧美女性进入工厂工作，她们都
bú zài chuān zhe yòu cháng yòu fù zá de fú zhuāng gǎi
不再穿着又长又复杂的服装，改
chuān jiǎn dān shū shì kuān sōng hé shēn de qún zhuāng
穿简单舒适、宽松合身的裙装，
yǐ jí kù zhuāng
以及裤装。

服装设计促进穿衣观念转变

衣服生产变得既简单又快速，这也让服装的设计变得越来越重要。1920年，法国设计师可可·香奈儿创立了自己的品牌，她将以往男装面料应用到女装设计中，夹克、衬衫、及膝短裙，再搭配短发和小圆帽。这种简

dān shí yòng yòu dà fang de shè jì fēi cháng shòu zhí chǎng nǚ xìng xǐ ài
单实用又大方的设计，非常受职场女性喜爱。

dào le shì jì nián dài fǎ guó fú zhuāng shè jì shī
到了20世纪40年代，法国服装设计师
kè lì sī tīng dí ào de fú zhuāng shè jì fēng gé zhāng xiǎn nǚ xìng róu
克丽丝汀·迪奥的服装设计风格，彰显女性柔
měi gāo yǎ de qì zhì tā tí chàng lì yòng jiǎn yuē de shè jì tū chū nǚ
美高雅的气质，她提倡利用简约的设计突出女
xìng de wēn róu yǔ měi lì suǒ yǐ tā shè jì de fú zhuāng dà shòu
性的温柔与美丽。所以，她设计的服装大受
diàn yǐng yǎn yuán huān yíng yě dài dòng le liú xíng
电影演员欢迎，也带动了流行。

电影引领的时尚风潮

不知从什么时候起，电影演员在影视作品中的服装造型很快就会在社会上流行。不管是成熟妩媚的造型，或是优雅干练的造型，还是随性无拘束的造型，都随着纺织工具、技术和材料的发展，在服装设计师的巧思下，

bú duàn tuī chén chū xīn
不断推陈出新！

yōu yǎ gāo guì zì yóu bēn
优雅、高贵、自由、奔

fàng kuáng yě děng fēng gé de fú
放、狂野等风格的服

zhuāng jiē lián bú duàn de chū xiàn zài
装，接连不断地出现在

rén men de shēng huó zhōng
人们的生活中。

科学秀

神奇的化学纺织材料

1888年，科学家利用化学合成方式，从植物中提取纤维素做成再生纤维，再生纤维也称为“人造丝”，开启了人造纤维的时代。人造纤维除了半合成的“再生纤维”，还有完全用化学材料制成的“合成纤维”，例如1930年发明的尼龙，又称锦纶。尼龙是世界上第一种完全人造的纤

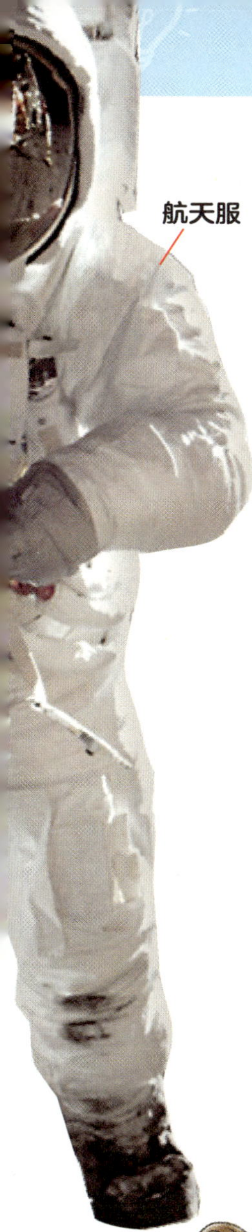

维，在第二次世界大战期间被用来制作降落伞，之后被用来制作衣服，甚至是航天服。除了尼龙，还有氨纶，这是一种弹性更好的纤维，现在很多功能性服装会用氨纶制作，例如游泳衣、舞衣、运动外套、内衣、裤袜等。

现代服装大量运用化学合成纤维。将化学纤维与天然植物或动物纤维混合，可以织出柔软、抗皱、透气、保暖和防风等多种功能的服装。

谢幕

xiàn dài fú shì zhǎn
现代服饰展

dāng cān guān de tóng xué zǒu jìn zuì hòu yì jiān zhǎn
当参观的同学走进最后一间展
shì jiào shì shí tā men fā xiàn sān nián bān de
示教室时，他们发现三年（1）班的
xué shēng dōu chuān zhe zì jǐ de yī fu zhàn zài zhǎn shì tái
学生都穿着自己的衣服站在展示台
shang yuán lái dà jiā dōu chuān zhe xiàn dài huà xué
上。原来，大家都穿着“现代化学
xiān wéi zhì chéng de fú zhuāng zhèng zài zǒu xiù ne
纤维制成的服装”，正在走秀呢！
yú shì cān guān de tóng xué yě shòu dào qǐ fā tā men
于是参观的同学也受到启发，他们
yě huí jiā chuān lái zì jǐ zuì xǐ huan de xiàn dài yī
也回家穿来自己最喜欢的“现代衣
wù jǐ jìn xiàn dài fú shì jiào shì xiù yí
物”，挤进“现代服饰教室”秀一
xià hěn kuài jiào shì li jǐ mǎn le xué shēng sān
下。很快，教室里挤满了学生，三
nián bān de lǎo shī hé xué shēng dōu hùn zài rén qún
年（1）班的老师和学生都混在人群
zhōng le nǐ néng bǎ tā men zhǎo chū lái ma
中了，你能把他们找出来吗？

最亮眼的一定是我！
这桥段是谁设计的，不行啊！
我真是太耀眼了！
我才是主角，你们别抢戏呀！
还没有服装的同学快来我这里登记！
穿上运动功能衣，活动真灵活！
结束